Social-Media-Recruiting

ist die Zukunft!

Ruslan Ilyassov

Social-Media-Recruiting ist die Zukunft!

Wie dein Unternehmen mithilfe von Social Media den Kampf um die Top-Talente gewinnt

Ruslan Ilyassov

Impressum

Illustrationen und Cover: Rebecca Faller
Coverfoto: Tom Gawin
Fotos im Buch: Raul Muntean
Layout und Unterstützung: Lisa Keskin
Lektorat/Korrektorat: Peter Gura
Druck und Vertrieb im Auftrag des Autors: Buchschmiede von Dataform Media GmbH, Wien

PRINTED IN AUSTRIA

ISBN:

978-3-99152-761-9 (Paperback)

978-3-99152-622-3 (Hardcover)

Dein Workbook
zum Buch
Sichere dir hier kostenlosen
Zugang zum Workbook und
vielen anderen Vorteilen:
socialrecruitingbuch.de/workbook
Powered by adstark

Inhalt

JUST THE PRODUCT

Über den Autor

Ruslan Ilyassov ist Geschäftsführer der Adstark Deutschland GmbH. Schon mit 19 Jahren gründete er sein erstes Unternehmen und setzte damit den Grundstein für eine bemerkenswerte Karriere. Heute, nach einem Jahrzehnt voller Herausforderungen und Erfolge, steht er als führender Experte im Bereich Advertising auf sozialen Kanälen an der Spitze der Branche.

So haben Ruslan Ilyassov und sein engagiertes Adstark-Team Kampagnen für Unternehmen jeder Größe aufgebaut sowie unzählige Organisationen beraten und generieren über 45.000 Bewerbungen für Kunden pro Jahr.

Für seinen 30. Geburtstag hat er sich vorgenommen, sein erstes Buch zu veröffentlichen – und wie du siehst, ist ihm auch das gelungen. ;-)

AVIATOR LOUNGE
HAVE
A Coffee

Vorwort

Als ich im Jahr 2000, im Alter von sechs oder sieben Jahren, zum ersten Mal ein Mobiltelefon in der Hand hielt, hätte ich mir vieles nicht träumen lassen. Zum Beispiel, wie dieses kleine Ding in der nahen Zukunft nicht nur sein Erscheinungsbild und seine Funktionen, sondern unser aller Leben verändern würde. Das kleine Gerät, das ich damals in der Hand hatte, verfügte über kein Internet und hatte auch noch keinen Bildschirm. Es war ein ganz normales Klapphandy – dafür gedacht, um damit zu telefonieren und SMS zu verschicken.

Was danach kommen sollte, wie sehr sich die Landschaft der Kommunikation wandeln würde, war damals noch kaum abzusehen.

Nun, etwas über 20 Jahre später, ist das Mobiltelefon mit seinen Apps und Möglichkeiten in seiner Bedeutung für die Kommunikation nicht mehr wegzudenken. Private Unterhaltungen, Akquise, aber auch Recruiting laufen in einem hohen Maß von der Couch aus oder von unterwegs, gerade – aber nicht nur – wenn es um die jüngeren Generationen geht. Entsprechend ist es sinnvoll, dass wir auch in unseren Prozessen umdenken.

!

Recruiting, auch als „Personalbeschaffung" oder „Mitarbeitergewinnung" bezeichnet, bezieht sich auf den Prozess, qualifizierte und geeignete Kandidaten für offene Stellen in einem Unternehmen oder einer Organisation zu finden, zu identifizieren, anzusprechen und einzustellen. Es stellt sicher, dass das Unternehmen talentierte und kompetente Mitarbeiter gewinnt, um die geschäftlichen Ziele zu erreichen und den Erfolg zu fördern.

Die klassische Suche nach Bewerberinnen funktioniert in gewissen Bereichen sicherlich noch recht gut – gerade neue Talente sind jedoch über einen anderen Weg einfacher, preisgünstiger und zielsicherer zu erreichen. Ich spreche von Social-Media-Recruiting.

Was genau du dir darunter vorstellen kannst, erfährst du ein wenig später. Im Augenblick dazu nur so viel:

Social-Media-Recruiting wurde nicht von mir oder von meinem Unternehmen Adstark erfunden.

Diese Möglichkeit der Personalsuche gibt es tatsächlich schon eine ganze Weile. Wir haben jedoch eine Methodik entwickelt, die Social-Media-Recruiting für Unternehmen nicht nur weitaus zielführender, sondern auch messbar macht. Du fragst dich jetzt wahrscheinlich, wie diese Methodik aussieht und – viel wichtiger – wie du sie für dich und dein Unternehmen nutzen kannst. Der Wunsch nach Antworten auf diese brennenden Fragen ist möglicherweise der Grund, warum du gerade mein Buch in Händen hältst. Aber alles der Reihe nach – lass uns von vorn anfangen!

Du bekommst nun ein paar Basics, um mit diesem Buch gut arbeiten zu können, und danach steigen wir voll ins Thema ein.

Wie liest du dieses Buch?

Ich bin der festen Überzeugung, dass Social-Media-Recruiting in Zukunft fester Bestandteil jedes erfolgreichen Unternehmens sein wird. Daher auch der Titel dieses Buches. Doch ich bin mir durchaus bewusst, dass dieses Thema nach wie vor eine ganze Menge Fragen aufwirft. Viele Führungskräfte haben sich noch nicht eingehend mit dieser Materie beschäftigt, und auf den ersten Blick kann man sich auch schnell überfordert fühlen: Es entstehen wahrlich etliche Fragezeichen im Kopf.

Aus diesem Grund habe ich mich dazu entschlossen, dieses Buch genau auf jenen Fragen aufzubauen, die ich immer wieder gestellt bekomme. Das heißt, du findest nicht nur alle Fragen, die tagtäglich an mich und an mein Team herangetragen werden, in diesem Buch gesammelt, sondern - und das ist viel wichtiger - auch die entsprechenden Antworten darauf.

Um dir die Übersicht zu erleichtern, habe ich ganz hinten eine Art Fragenkatalog mit den dazugehörigen Verweisen zu den Seiten zusammengestellt, auf denen du die Antworten findest. So kannst du rasch und effizient genau jene Themen nachschlagen, die dich gerade besonders beschäftigen.

Noch etwas: Du wirst feststellen, dass sich gewisse Aussagen im Buch wiederholen. Das ist Absicht, denn diese Punkte sind die wirklich wichtigen, die du ruhig mehrere Male hören oder lesen solltest.

Ich habe außerdem die häufigsten Glaubenssätze rund um das Social-Media-Recruiting über das Buch verteilt und diese aus meiner Sicht beleuchtet - vielleicht erkennst du dich ja bei der einen oder anderen Aussage wieder.

Wichtig:

- Social-Media-Recruiting ist nicht gleich Social-Media-Recruiting. In diesem Buch bekommst du die Vorlage, mit der wir von Adstark täglich arbeiten und unsere Erfolge verzeichnen.

- **Um den Inhalt wirklich optimal nutzen zu können, ist es wesentlich, dass du dieses Buch nicht nur durchliest, sondern von vorn bis hinten durcharbeitest.**

- Zusätzlich zu allen Informationen, die du in diesem Buch vorfindest, haben wir ein umfassendes Workbook erstellt, auf das du über einen Link zugreifen kannst: www.socialrecruitingbuch.de/workbook. So hast du die Möglichkeit, dir alle unsere Vorlagen auszudrucken und damit zu arbeiten, um deine gewonnenen Erkenntnisse gleich in deinem eigenen Unternehmen umzusetzen.

- Stell dich bitte darauf ein, dass du in den Beschreibungen auf einige (wenige) englische Begriffe und Bezeichnungen sowie einige Abkürzungen stoßen wirst. Ich habe diese so weit wie irgend möglich vermieden, doch leider gibt es für manches keine treffenden deutschen Übersetzungen. Falls du also beim Lesen über ein Wort stolperst, das dir noch nicht bekannt ist, findest du **beim ersten Mal, wenn es verwendet wird,** auf derselben Seite eine Erklärung, und zwar entweder direkt im Fließtext selbst oder in einem extra Kasten. Warum nur beim ersten Mal? Nun, weil ich möchte, dass du dieses Buch wirklich von Anfang bis Ende liest, um so das Bestmögliche für dich und dein Unternehmen herauszuholen. Ich tue mein Bestes, um diesbezüglich keine Fragen offenzulassen. Sollte ich jedoch ein Wort übersehen haben, das auch den Probeleserinnen durch die Finger gerutscht ist, kannst du uns gerne ein E-Mail an buch@socialrecruitingbuch.de schreiben und nachfragen.

Wir sind jederzeit für Fragen und Feedback offen – egal, ob es um die Erklärung eines Wortes oder um einen Prozess geht.

Und falls dir die Begriffe ohnehin alle geläufig sind, dann klopf dir ordentlich auf die Schulter – denn dann hast du die besten Voraussetzungen, um bald ein richtiger Profi in Sachen Social-Media-Recruiting zu sein!

Mein Umgang mit dem Gendern

Ich werde in diesem Buch nicht in der klassischen Weise gendern, da dies aus meiner Sicht den Umfang unnötig erhöht und die Leserlichkeit beeinträchtigt. Ich werde stattdessen immer wieder zwischen der männlichen und der weiblichen Form wechseln. Gerade in jenen Bereichen, die männlich dominiert sind, werde ich bevorzugt die weibliche Form verwenden. Es sind jedoch immer und in jedem Fall in aller Wertschätzung alle Geschlechter angesprochen.

Für wen ist dieses Buch gedacht?

Das vorliegende Buch wurde für Führungskräfte und Personalverantwortliche sowie für all jene Menschen geschrieben, die es noch werden möchten. Egal, ob du für dich selbst oder dein Unternehmen auf der Suche nach Personal bist oder vorhast, eine Firma zu gründen – hier bist du goldrichtig.

Du kannst mit dieser Anleitung lernen, deine eigene Social-Media-Recruiting-Kampagne aufzusetzen.

!

Eine Social-Media-Recruiting-Kampagne ist eine gezielte Strategie, die von Unternehmen oder Organisationen verwendet wird, um qualifizierte Bewerber über soziale Medien zu finden, anzusprechen und für offene Stellen zu gewinnen. Diese Art von Kampagne nutzt die Reichweite sowie die Interaktionsmöglichkeiten sozialer Medienplattformen, um das Talentpool zu erweitern und Kandidaten auf eine persönlichere und sympathischere Weise anzusprechen.

Du brauchst, was das betrifft, weder mich dazu noch sonst irgendjemanden. Du solltest lediglich ausreichend Zeit zur Verfügung haben, um Social-Media-Recruiting zu erlernen und anzuwenden. Wenn du jedoch an einer Stelle sagst: „Ruslan, wir brauchen oder möchten Unterstützung", dann hast du nach der Lektüre und dem Durcharbeiten dieses Buches alle erforderlichen Kenntnisse, um eine gute von einer nicht so guten Social-Media-Recruiting-Agentur zu unterscheiden. Du wirst wissen, worauf du achten musst und wo die Knackpunkte liegen.

Halte dich an die Vorlagen und Tipps, arbeite mit dem Workbook, das du dir von der Webseite zum Buch herunterladen kannst, und dein Bewerberpool wird sich schneller mit Talenten füllen, als du schauen kannst!

Herzlich willkommen am Anfang deiner großen Erfolgsreise zu einer starken Arbeitgebermarke und zu einem großen Bewerberpool voller Wunschkandidatinnen!

Wieso ist dieses Buch so wichtig?

Social-Media-Recruiting ist die Zukunft – daran kommen wir nicht vorbei. Dieses Buch soll das Fundament für mutige und innovative Unternehmen sein, die sich langfristig Toptalente sichern wollen, um im „War for Talents" weiter wachsen zu können.

„War for Talents" ist ein Begriff, mit dem die zunehmende Knappheit qualifizierter Fachkräfte sowie die Notwendigkeit verdeutlicht werden soll, innovative Rekrutierungs- und Bindungsstrategien zu entwickeln, um im Wettbewerb um Talente erfolgreich zu sein. Er beschreibt die Herausforderungen, denen sich Unternehmen bei der Gewinnung und Bindung erstklassiger Talente gegenübersehen, die für den Erfolg und das Wachstum eines Unternehmens von entscheidender Bedeutung sind.

Wirft man einen Blick auf unsere Gesellschaft, so kann man leicht absehen, wohin die Reise gehen wird: Schon jetzt ist ein großer Teil der Menschen aktiv auf den Social Media unterwegs. Unternehmen sollten sich daher bereits heute aktiv positionieren, um die Talente der Zukunft für sich zu gewinnen.

Ich spreche hier nicht von den Arbeitnehmern der sogenannten „Babyboomer"-Generation, die großteils in den nächsten Jahren vom Arbeitsmarkt verschwinden werden, sondern von all jenen Menschen, für die Social Media eine Selbstverständlichkeit darstellen. Damit du verstehst, wie die einzelnen Generationen ticken und wie sie auf verschiedene Recruiting-Methoden ansprechen, widmen wir uns in einem späteren Kapitel ihren Besonderheiten.

Mithilfe der innovativen Adstark-Methode, die ich dir in meinem Buch vorstellen werde, können Unternehmen ihre Mitarbeitergewinnung nachhaltig verbessern, sich selbst krisensicher auf dem Markt positionieren, einen Bewerberpool aufbauen und so bei großen Unternehmensprojekten schnell und unkompliziert viele topqualifizierte Talente ansprechen.

Wir werden zahlreiche Fragen rund um den Prozess des Social-Media-Recruitings beantworten und ergründen, wie du es für dich nutzen kannst.

Wir von Adstark konnten unsere Erfahrungen und Erkenntnisse beim Erstellen von Tausenden erfolgreichen Kampagnen sammeln. Du bekommst also echtes Insiderwissen an die Hand – und das in Kombination mit einer real umsetzbaren Handlungsstrategie. Außerdem werde ich dir zeigen, wie du deine eigene, nur auf dich zugeschnittene Social-Media-Kampagne aufsetzen kannst, und dir Tipps und Tricks vermitteln, mithilfe derer du Aufmerksamkeit auf deine Arbeitgebermarke lenken kannst.

Ich habe versucht, nahezu alle Fragen, die in einem solchen Prozess auftauchen können, in diesem Buch zu beantworten. Du hältst damit eine wahre Schatzkiste an Werkzeugen in der Hand, um Social-Media-Recruiting für dich zu nutzen. Am Ende des Buches findest du den Link zu einem Workbook, mit dessen Hilfe du viele der Tipps direkt und einfach umsetzen kannst. Und das Beste daran: Selbst, wenn du nach der Lektüre meines Buches noch offene Fragen haben solltest, weißt du nun, an wen du dich wenden kannst. :-)

Individuell
App
- Zahlen
- Statistik
G-STAR RAW

Warum gibt es dieses Buch?

Als ich vor einigen Jahren eine Werbeagentur gründete, war es von Anfang an mein Ziel, mein junges Unternehmen richtig zu positionieren. Und tatsächlich gelang es mir, mich in kürzester Zeit als Experte für die Onlinevermarktung von Produkten in sozialen Kanälen zu etablieren. Bald wuchsen mein jüngerer Bruder, der sich entschieden hatte, mit einzusteigen, und ich über unser erstes Büro hinaus. Es war an der Zeit, weiterzuziehen, und so bezogen wir ein offenes, modernes Büro, das bis heute unser Hauptquartier ist.

Doch wir mussten schon bald feststellen, dass die Zeiten sich änderten. Es kam die Pandemie, einige meiner Kunden mussten ihre Betriebe schließen und niemand wusste so recht, wie es weitergehen würde. Es gab so gut wie keinen Bedarf mehr für unsere Marketingarbeit. Was tun?

Die zündende Idee kam mir in einem Gespräch mit einem Kunden, als dieser mich fragte, ob ich ihn statt bei seinem Social-Media-Auftritt bei der Personalsuche unterstützen könne.

‚Hm … warum nicht?', dachte ich mir und sagte zu.

Zunächst versuchte ich lediglich, die bereits vorhandene Stellenausschreibung neu zu formulieren und attraktiver zu gestalten. Was soll ich sagen? Es wurde ein ziemlicher Schuss in den Ofen! Nichts funktionierte so richtig: von Karriereseiten bis zu Stellenausschreibungen, die wir auf den sozialen Kanälen bewarben – es tat sich absolut nichts.

Das Bewerben der ausgeschriebenen Stelle auf diversen Karriereplattformen kostete nur Geld, brachte aber keinen einzigen Bewerber. Also hatten wir eine Aufgabe: Wir mussten uns etwas Neues überlegen.

Ich dachte scharf nach. Einige Zeit davor hatte ich für einen Automobilhändler einen sogenannten Mobile-Funnel eingerichtet.

Ein Mobile-Funnel ist eine Art Auslesetrichter. Dabei klickt sich ein potenzieller Interessent durch einige vorgegebene Fragen, die meist mit Ja oder Nein zu beantworten sind, was zur Folge hat, dass am Ende nur hoch qualifizierte Interessenten übrig bleiben.

Eine immense Ressourcenersparnis für das Unternehmen! Ich hatte bisher noch nicht viel Erfahrung mit diesem Tool, wollte es aber unbedingt anwenden. So tüftelte ich einige Stunden daran herum und passte es an die ausgeschriebene Stelle an. In den folgenden sechs Wochen gingen insgesamt rund 130 Bewerbungen ein. Das Ergebnis war so überwältigend, dass dies der Grundstein für mein jetziges Business war.

Schnell sprach sich diese Methode des Recruitings herum und es folgte Kunde auf Kunde. Schlussendlich kann ich sagen, dass die Pandemie uns dadurch nicht wirklich zusetzte. Mithilfe des neuen Systems konnten wir den verlorenen Umsatz vollständig kompensieren.

Was daraus entstand, war ein interaktiver Social-Media-Recruiting-Prozess, der bei dieser Kampagne wie auch bei allen folgenden überraschend gut performte und bis heute ständig weiterentwickelt wird.

Die Adstark Recruiting-Methode war geboren!

Heute sieht der Trichter natürlich komplett anders aus, denn wir haben nicht aufgehört, an ihm zu arbeiten und ihn laufend zu verbessern.

Und hier sind wir: Wir nehmen die Erfahrungen aus der Zusammenarbeit mit großen Unternehmen und transformieren diese Erfahrungen in den Mittelstand. Denn für kleine und mittlere Unternehmen - gerade für solche, die man noch nicht kennt - ist Social-Media-Recruiting besonders wichtig. Sie profitieren auf diese Art und Weise vom Know-how der großen Konzerne, denn das Wissen von den Kampagnen mit großen Unternehmen lässt sich eins zu eins auf jedes kleinere Unternehmen transferieren.

Als mir das klar wurde, habe mich dazu entschlossen, dieses Buch zu schreiben, weil ich dir damit ein bewährtes System zur Verfügung stellen möchte, das dich im Berufsleben auf die Überholspur bringt. Diese knapp 290 Seiten stellen die Quintessenz all dessen dar, was ich zum Thema „Mitarbeitergewinnung über soziale Kanäle" weiß und mir in den letzten Jahren erarbeitet habe.

Adstark hat eine wirkungsvolle Strategie entwickelt, um das Feld des Social-Media-Recruitings für Unternehmen erfolgreich nutzbar zu machen. Unsere einzigartige Methode hilft dir nicht nur bei der Sichtbarmachung deiner eigenen Arbeitgebermarke - wir haben gleichzeitig einen Bewerbungsprozess entwickelt, der nicht nur smart, sondern auch überaus zeitschonend ist. Wir ermöglichen es damit Unternehmerinnen, binnen kürzester Zeit auf einen großen Pool aus topqualifizierten Arbeitskräften zuzugreifen. Das spart Zeit, Geld und Ressourcen!

„Social-Media-Recruiting? Kenne ich nicht. Das ist sicherlich wieder nur ein Hype, der schon bald wieder verschwunden ist."

Tatsächlich ist Social-Media-Recruiting kein neu entstandener Hype. Vielmehr gibt es diese Methode der Personalrekrutierung bereits seit dem ersten Aufkommen von Facebook. Schon damals erkannten einige Unternehmen die Chancen dieser Plattform und begannen damit, ihre Arbeitgebermarke sichtbar zu positionieren. Mittlerweile gibt es zahlreiche innovative Methoden, mit deren Hilfe man Social-Media-Recruiting auch für das eigene Unternehmen nützen kann.

Was ist Social-Media-Recruiting?

Du weißt nun nach der Lektüre der ersten Seiten, dass Social-Media-Recruiting für dein Unternehmen enorm wichtig ist. Doch worum genau handelt es sich dabei eigentlich? Kurz gesagt: Social-Media-Recruiting hat die Aufgabe, deine Arbeitgebermarke (ausführlichere Erklärungen dazu folgen weiter hinten im Buch) dort sichtbar und präsent zu machen, wo sich deine potenziellen künftigen Mitarbeiterinnen aufhalten.

Mit seiner Hilfe kannst du über Social Media eine große Anzahl von Usern ansprechen und im besten Fall einige von ihnen als Mitarbeiterinnen für dein Unternehmen gewinnen. Zudem hast du die Möglichkeit, als Arbeitgebermarke zu überzeugen.

Dass man sich die qualifiziertesten Mitarbeiterinnen am besten dann sichern kann, wenn man als Arbeitgebermarke sichtbar und bekannt wird, war und ist ein offenes Geheimnis - doch stellte sich zwangsläufig die Frage, wie man die größtmögliche Aufmerksamkeit auf sich ziehen könnte. Zunächst arbeitete man mit allem, was der Markt an Möglichkeiten bot, von offline funktionierenden Praktiken wie der klassischen Printwerbung bis hin zu Online-Tools und digitaler Werbung.

Bis langsam, Schritt für Schritt, die sozialen Netzwerke in unsere Gesellschaft einzogen und schnell eine immer größere Rolle spielten. Als der Trend der Social Media so richtig Fahrt aufnahm, erkannten viele Unternehmen, dass dieses Feld durchaus attraktiv war. Man wollte oder sollte also auch dort aktiv werden. Doch wie? Viele probierten mit Versuch und Irrtum einfach blind herum - bei manchen ging es gut, bei anderen leider nicht.

In den meisten Fällen wurde Social-Media-Recruiting von Unternehmern als sogenanntes „Add-on" verwendet, also als zusätzliches Mittel für die Mitarbeitersuche. Bedingt durch die starken Veränderungen am Arbeitsmarkt setzen heutzutage jedoch immer mehr Unternehmen zu 100 Prozent auf Social-Media-Recruiting. Sie haben erkannt, dass dadurch ein viel größerer Pool an Talenten erreicht werden kann.

Mittlerweile sind wir an einem Punkt angelangt, an dem ein Social-Media-Auftritt praktisch für jedes Unternehmen – fast egal, in welcher Branche es sich bewegt – eine Rolle spielt.

Social-Media-Recruiting ist im Grunde eine Kombination zweier Dinge: Zum einen geht es um die Social Media als Basis der Aktivitäten, zum anderen liegt der Fokus auf dem Recruiting, dem Gewinnen von Mitarbeiterinnen. Entsprechend liegt unser Ansatz darin, über Social-Media-Recruiting Menschen auf den unterschiedlichen sozialen Plattformen zu erreichen, um sie für bestimmte Jobvakanzen zu gewinnen.

So weit, so gut. Einen Haken hat diese Geschichte jedoch: Noch immer probieren zahlreiche Unternehmen wahl- und planlos herum, verfallen in einen blinden Aktionismus und verschießen viel Pulver an Arbeitskräften, Geld und Energie. Und wenn es ganz unglücklich läuft, verspielen sie auch noch die Sympathie ihrer Kundinnen oder potenziellen Bewerberinnen.

Man kann bei Social-Media-Recruiting als Unternehmer tatsächlich jede Menge falsch machen.

Doch keine Sorge – bevor du jetzt das Buch frustriert zuklappst und beiseite legst: Hilfe ist nah! Du kannst lernen, wirklich gute Kampagnen aufzusetzen.

Wo liegt der Unterschied zwischen Social-Media-Recruiting und klassischen Bewerbungen?

Gehen wir einen Schritt zurück. Überleg doch mal, wie ein klassischer Bewerbungsprozess bisher gelaufen ist: Er war langsam, er war umständlich. In meiner Schule gab es sogar ein eigenes Unterrichtsfach, in dem wir lernten, seriöse Bewerbungsunterlagen aufzusetzen: Anschreiben, Motivationsschreiben, Lebenslauf et cetera. Kein Witz!

Eine klassische Bewerbungsmappe umfasst dann schon mal schnell einige Seiten – immerhin fügt man sicherheitshalber noch einige Zeugnisse, Weiterbildungsbestätigungen oder Empfehlungen hinzu. Man kann ja nie wissen.

Ein HR-Mitarbeiter, dessen Firma mit diesem klassischen Verfahren arbeitet, hat also in einem solchen Fall ein paar Dutzend Bewerbungsmappen auf dem Tisch liegen, jede davon einige Seiten dick. Wer soll das denn alles wirklich lesen und vor allem ordentlich bewerten?

Genau an diesem Punkt findet gerade ein Wandel statt: Die jüngeren Generationen wollen sich nicht mehr in dieser Form bewerben. Das ist auch der Grund, weshalb „echte" Bewerbungen – also ausgedruckte Mappen, die man per Post verschickt – schon zu den Dinosauriern unter den Bewerbungsmöglichkeiten gehören. Immer mehr Menschen sind der Ansicht, es müsse doch genügen, sich online zu bewerben – schnell und mit wenigen Klicks. Und weißt du, was? Sie haben recht! Genau für diese Fälle möchte ich dir weiter hinten im Buch – sowie auch etwas ausführlicher im Online-Workbook – eine Step-by-Step-Anleitung geben.

Du wirst nicht nur die nötigen Grundlagen und Methoden des Social-Media-Recruitings kennenlernen, wir werden auch gemeinsam die Stellenausschreibungen der Zukunft erstellen und so dein Unternehmen zukunftssicher positionieren. Dir wird immer klarer werden, weshalb Social-Media-Recruiting wichtig ist, und vor allem, wie du es für dich nutzen kannst.

Vertrauen schafft gute Kontakte

Bevor du dir überlegst, wie du deinen ersten Bewerbungsprozess aufsetzt, gehen wir ein paar Schritte zurück. Die Kernfunktion dieser Art des Recruitings ist es, über die sozialen Kanäle möglichst viele Menschen anzusprechen, zu überzeugen und schlussendlich auch an das eigene Unternehmen zu binden.

Damit dir das gelingen kann, ist es zuallererst vonnöten, dich als Arbeitgeber mit deinen Vorzügen sichtbar zu machen. Das heißt, du musst bekannt werden und die positiven Werte deines Unternehmens herausstreichen. Durch eine erhöhte Sichtbarkeit deines Unternehmens erreichst du nicht nur sehr viele Menschen, du baust gleichzeitig eine Art Vertrautheit zu den Nutzern auf.

Weshalb Unternehmen, die ohnehin schon weltweit bekannt und etabliert sind, trotzdem regelmäßig Marketing betreiben, hat einen ganz bestimmten Grund: Nur wenn wir Dinge ständig sehen und hören – also immer wieder wahrnehmen –, werden sie uns vertraut. Und damit werden wir ihnen im Endeffekt irgendwann auch unser Vertrauen schenken. Wenn dir über Monate oder sogar Jahre hinweg immer wieder eine bestimmte Marke unterkommt, brennt sich diese irgendwann nachhaltig in dein Gedächtnis. Auch und gerade dann, wenn dich die Werbung zu Beginn vielleicht nervt. Irgendwann nimmst du die Präsenz dieser Marke als gegeben hin.

Brauchst du dann eines schönen Tages eine spezielle Dienstleistung oder ein bestimmtes Produkt, das von ebendieser Marke angeboten wird, kommt sie dir ziemlich sicherlich als Erstes in den Sinn.

Dasselbe gilt auch, wenn du gerade auf Jobsuche bist: Unternehmen, die dir vertraut vorkommen, wirst du wahrscheinlich vorrangig als potenzielle Arbeitgeber in Betracht ziehen. Klingt spannend, oder?

Durch geschickt platzierte Unternehmenswerbung stärkst du somit nicht nur deinen Bekanntheitsgrad, sondern festigst parallel dazu auch die Bekanntheit und Attraktivität deines Unternehmens als Arbeitgeber. Du vermittelst den Menschen Vertrauen und motivierst sie, aktiv an der Zukunft deines Unternehmens mitzuarbeiten.

Das ist ein Effekt, den wir in unserer täglichen Arbeit bei Adstark beobachten können: Unternehmen, die schon einen soliden Bekanntheitsgrad haben, bevor sie eine Social-Media-Recruiting-Kampagne veröffentlichen, sind bei der Gewinnung von potenziellen Arbeitskräften im Schnitt um einiges erfolgreicher als solche, die zum ersten Mal in Erscheinung treten. Dabei spielt es keine Rolle, ob das Unternehmen 10, 100 oder sogar 10.000 Mitarbeiter beschäftigt. Die Größe ist zweitrangig. Hier geht es um das Image! So kann es durchaus sein, dass ein großes, aber weitgehend unbekanntes Unternehmen schwerer Topkandidaten findet als ein kleines, aber gut positioniertes.

Was sind die Vorteile von Social-Media-Recruiting?

Der größte Vorteil von Social-Media-Recruiting liegt schlicht und ergreifend in seiner enormen Reichweite und damit in der Möglichkeit, kostengünstig eine Vielzahl von Menschen anzusprechen. Neben dieser Reichweite einerseits bieten dir die Social Media andererseits aber auch die Option, deine Zielgruppe einzugrenzen. Das bedeutet, dass du systematisch nach Menschen suchen kannst, die – gefiltert nach Interessen, Fähigkeiten und Standort – perfekt zu deinem Unternehmen passen. Zusätzlich kannst du einen relativ einfachen Bewerbungsprozess aufsetzen, der als Filter für potenzielle neue Mitarbeiter dient.

Eine Zielgruppe ist eine Gruppe von Menschen, die als Hauptempfänger einer bestimmten Botschaft angesehen werden.

Falls du dich nun fragen solltest, ob Social-Media-Recruiting auch für dein Unternehmen funktionieren kann, dann lass mich dir eines sagen: Ja, es funktioniert! Egal, in welcher Branche du tätig bist. Du könntest sogar eine Astronautin über diese Methode rekrutieren! Glaub mir: Vollkommen gleichgültig, welche Zielgruppe du anpeilst – auf Social Media wirst du fündig werden. Denn wo Menschen sich aufhalten, sind auch potenzielle Talente zu finden. Natürlich besteht immer eine gewisse Gefahr, dass Social-Media-Recruiting nach hinten losgeht. Damit dir jedoch diese Erfahrung erspart bleibt, bekommst du in diesem Buch die entsprechenden Tools an die Hand, die ich mir in jahrelanger Erfahrung angeeignet habe.

EN MINDED
G-STAR RAW

„In meiner Branche funktioniert Social-Media-Recruiting nicht."

Diesen Glaubenssatz höre ich tatsächlich sehr oft, doch vertrau mir: Er stimmt nicht! Wenn sogar das Militär über soziale Kanäle Personal rekrutieren kann, dann gelingt das auch in deiner Branche. Solange du Menschen suchst, wirst du in den Social Media fündig werden! Es kann allerdings durchaus sein, dass nicht jede Social-Media-Plattform gleich gut für dich funktioniert. Nehmen wir an, du führst ein Handwerksunternehmen und bist auf der Suche nach Malern. Höchstwahrscheinlich wird dann LinkedIn nicht der richtige Ort für deine Werbung sein. Hingegen könntest du auf Facebook und Instagram, ja sogar auf TikTok fündig werden. Es ist daher unheimlich wichtig, dass du deine Zielgruppe genau kennst und weißt, auf welchen sozialen Kanälen du sie erreichst. Wo du deine potenziellen Bewerberinnen tatsächlich antriffst, darauf gehe ich etwas später ein.

Warum ist Social-Media-Recruiting wichtig für Unternehmen?

Immer wieder stellen mir Kunden die Frage, wieso Social-Media-Recruiting so wichtig ist. Zusammengefasst lässt sich sagen: Wenn wir als Unternehmen den fortschreitenden technologischen Wandel ignorieren, bleiben wir schnell auf der Strecke. Damit du deinem Unternehmen dieses Schicksal ersparst, ist es sinnvoll, bereits jetzt eine funktionierende Basis aufzubauen, um so schlussendlich die Talente der Zukunft finden zu können. Denn wenn du dein Unternehmen schon heute zukunftsfit positionieren möchtest, solltest du verstehen, wie die künftigen Generationen ticken.

Auf Jobportalen erreichst du als Arbeitgeber grundsätzlich aktiv suchende Kandidatinnen, wohingegen Social-Media-Recruiting zusätzlich das große Potenzial der passiv und latent Suchenden abschöpft (die unterschiedlichen Gruppen von Suchenden wirst du in Kürze detailliert kennenlernen). Diese holst du dort ab, wo sie privat viel Zeit verbringen: in den sozialen Medien, zur richtigen Zeit am richtigen Ort. Da du deine zukünftigen Arbeitskräfte in etwa zu 70 Prozent über das Smartphone erreichst, ist es umso wichtiger, deinen Bewerbungsprozess kurz und interaktiv zu gestalten. Zu diesem Zweck kannst du individuelle Bewerbertrichter bauen, über die sich potenzielle Kandidaten innerhalb weniger Minuten unkompliziert bei deinem Unternehmen bewerben können.

Ich bin selbst Papa eines dreijährigen Buben. Meine Frau und ich versuchen, ihn so gut es geht von Bildschirmen fernzuhalten. Wir sind der Meinung, dass es in diesem Alter noch nicht notwendig ist, ständig vor irgendeiner Mattscheibe zu hängen. Doch weißt du, was?

Vor Kurzem flatterte uns ein Angebot eines Kindergartens ins Haus mit dem Versprechen, dass die Kinder bei ihnen schon bald mit den neuesten iPads versorgt würden! Und das ist kein Einzelfall! Somit würden die Bemühungen von meiner Frau und mir nahezu im Sand verlaufen, falls wir ihn dort einschreiben ließen.

Mit „interaktiv" ist gemeint, dass eine Kommunikation, ein System, eine Webseite, eine Anwendung oder eine Erfahrung eine direkte und gegenseitige Beteiligung zwischen dem User und der Technologie ermöglicht. Im interaktiven Kontext können User aktiv auf die dargebotenen Inhalte reagieren und die Richtung oder den Verlauf des Erlebnisses beeinflussen.

„Bewerbertrichter" ist ein Begriff aus dem Personalwesen, der den Prozess beschreibt, bei dem Unternehmen Bewerber von der Anfangsphase der Bewerbung bis zur finalen Einstellung auswählen und filtern. Ähnlich einem Trichter, durch den Flüssigkeiten oder andere Substanzen geleitet und dabei gefiltert und sortiert werden, dient der Bewerbertrichter dazu, die besten Kandidaten für eine Stelle aus einer größeren Anzahl von Bewerbern herauszufiltern.

Die Digitalisierung bezieht sich auf den Prozess der Umwandlung von analogen Informationen, Daten, Prozessen und Ressourcen in digitale Formate. Dabei werden Informationen und Inhalte in binäre Codes (Nullen und Einsen) umgewandelt, die von Computern und digitalen Geräten verarbeitet werden können. Die Digitalisierung hat in den letzten Jahrzehnten eine enorme Bedeutung erlangt und betrifft nahezu alle Bereiche des Lebens, von der Kommunikation und Unterhaltung über Geschäftsprozesse bis hin zum Gesundheitswesen.

Was bedeutet das für uns als Arbeitgeberinnen?

Die Kinder der Zukunft werden mit einer rasant voranschreitenden Digitalisierung aufwachsen – ob uns das nun gefällt oder nicht. Diesen Wandel können wir nicht aufhalten, daher sollten wir ihn bewusst für uns nutzen. Die künftigen Generationen werden noch stärker durch Schnelllebigkeit und digitales Vernetzen geprägt sein als je eine Generation vor ihnen. Die Tage, an denen Kandidatinnen sich für eine einzige Bewerbung mehrere Stunden im Kalender freihalten mussten, sind vorbei. Smarte und intuitive Online-Bewerbungen sind die Methoden der Zukunft. Immer mehr neue, innovative Technologien werden auf den Markt drängen und den Prozess des Bewerbens noch einfacher machen. Und kaum ein Unternehmen, das in der Zukunft Bestand haben möchte, wird um Social-Media-Recruiting herumkommen. Also: Lass uns gemeinsam ins Tun kommen!

Wenn du dein Unternehmen schon heute zukunftsfit positionieren möchtest, dann solltest du verstehen, wie die künftigen Generationen ticken!

Fazit

Social-Media-Recruiting ist das Mittel der Wahl, wenn du preisgünstig und effizient deine zukünftigen Mitarbeiterinnen erreichen und einen Pool aus Toptalenten aufbauen möchtest. Durch kluges Social-Media-Recruiting gehst du aktiv auf deine Zielgruppe zu, erreichst unterschiedlichste Menschen, bewirbst gleichzeitig geschickt deine Arbeitgebermarke und bewirkst damit, dass sich die Topleute nicht bei anderen bewerben, sondern bei dir!

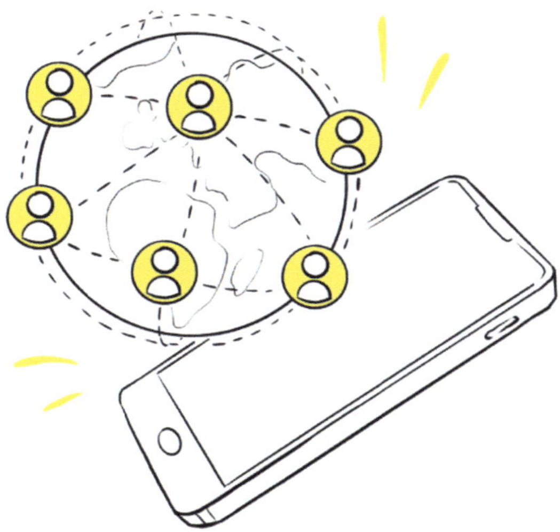

Arbeitnehmermarkt

TEIL 1: WIE SIEHT DER ARBEITNEHMERMARKT KONKRET AUS?

GIBT ES EINEN FACHKRÄFTEMANGEL?

Immer wieder kursieren in den Medien die unterschiedlichsten Meldungen zur aktuellen Arbeitsmarktsituation. Mal gibt es einen Fachkräftemangel, mal gibt es keinen. Falls du dir als Unternehmerin schon einmal die Frage gestellt hast, wo die Wahrheit liegt, muss ich dir leider sagen: Ja, es gibt tatsächlich einen eklatanten Fachkräftemangel, der sich in Zukunft sogar noch weiter zuspitzen wird.

Laut einer Studie des Instituts für Arbeitsmarkt- und Berufsforschung wird allein Deutschland bis zum Jahr 2035 - bedingt durch den demografischen Wandel[1] - circa sieben Millionen (!) Arbeitsplätze verlieren. Wir sprechen hier von rund einem Siebentel des Gesamtarbeitsmarktes.

! *Der Ausdruck „demografischer Wandel" bezieht sich auf Veränderungen in der Bevölkerungsstruktur einer Gesellschaft über einen bestimmten Zeitraum. Dieser Wandel wird durch verschiedene Faktoren wie Geburten- und Sterberate oder Migration beeinflusst. Er ist ein kontinuierlicher Prozess und kann sowohl kurzfristig als auch langfristig Auswirkungen auf eine Gesellschaft haben.*

---

[1] Enzo Weber, Mitautor der IAB-Studie.

Wandel im Arbeitsmarkt

Der Arbeitsmarkt befindet sich derzeit in einem massiven Umbruch. War es vor nicht allzu langer Zeit noch so, dass sich die Bewerbungen auf den Tischen der Personalverantwortlichen nur so getürmt haben, können sich nun Arbeitnehmer das Unternehmen, für das sie arbeiten wollen, quasi aussuchen.

Wurden früher also Tausende von Euros in Werbekampagnen zur Kundengewinnung investiert, ist jetzt die Zeit gekommen, in der um passende Bewerber gebuhlt wird.

Doch ich habe auch eine gute Nachricht: Der Fachkräftemangel muss dich und dein Unternehmen nicht betreffen! Es gibt bereits viele Unternehmen, die es geschafft haben, sich aktiv um ihre Sichtbarkeit zu kümmern und so einem Arbeitskraftmangel vorzubeugen. Durch kluge Marketingstrategien erreichen sie immer mehr Menschen und sichern sich somit die besten Talente, die der Arbeitsmarkt zu bieten hat.

Damit auch du in Zukunft auf die besten Köpfe in deinem Unternehmen setzen kannst, musst du genau diesen Wandel wahrnehmen und verstehen. Die Arbeitgebermarke wird zum absoluten Aushängeschild und bei potenziellen Arbeitskräften zu einem wesentlichen Entscheidungskriterium für oder gegen dein Unternehmen.

Heute ist es daher wichtig, nicht nur für Werbe-, sondern auch für Recruiting-Maßnahmen ein ausreichendes Budget zur Verfügung zu haben. Eine kleine Annonce in einer Zeitung reicht schlicht und ergreifend nicht mehr aus. Dieses Bewusstsein musst du möglicherweise in deinem Unternehmen erst schaffen – aber glaube mir: Es lohnt sich!

Nur Unternehmen, die frühzeitig Geld in gute Social-Media-Recruiting-Maßnahmen investieren, werden den Fachkräftemangel der Zukunft nicht spüren.

Welche Branchen betrifft der Fachkräftemangel am stärksten?

Im DACH-Raum (Deutschland, Österreich und Schweiz) sind es vor allem die im Folgenden genannten Branchen, die erhebliche Schwierigkeiten mit dem Finden von qualifizierten und zuverlässigen Arbeitskräften haben.

Diese Top 10 basieren auf der Nachfrage bei uns in der Agentur. Interessanterweise stimmen sie jedoch tatsächlich mit einigen Studien und Statistiken auf Ämtern überein.

Medizin und Pflege

Der Bereich Medizin und Pflege ist geprägt von einem erheblichen Mangel an qualifizierten Fachkräften wie Ärztinnen, Krankenschwestern und Pflegekräften. Dieser bestand bereits vor der COVID-19-Pandemie und hat sich durch die erhöhte Nachfrage nach medizinischer Versorgung weiter verstärkt.

Das liegt einerseits am demografischen Wandel: Die alternde Bevölkerung hat einen erhöhten Bedarf an medizinischer Versorgung und Pflege zur Folge. Gleichzeitig gehen viele erfahrene Fachkräfte in den Ruhestand, was zu einem Mangel an qualifiziertem Personal führt.

Zudem ist der medizinische und pflegerische Bereich bekannt für hohe Arbeitsbelastung und immensen Stress; als Konsequenz verlassen zahlreiche Fachkräfte vorzeitig ihren Beruf oder entscheiden sich für andere Karrieremöglichkeiten.

Die Ausbildung von Ärztinnen, Krankenschwestern und Pflegekräften erfordert Zeit und Ressourcen. Die begrenzten Ausbildungskapazitäten können dazu führen, dass nicht genügend Fachkräfte ausgebildet werden, um den steigenden

Bedarf zu decken. Zudem verlangt der Beruf des Arztes, der Krankenschwester oder der Pflegekraft ein hohes Maß an Engagement, Verantwortung und emotionaler Belastbarkeit.

IT-Bereich

Hier ist als Folge der Digitalisierung vor allem die Nachfrage nach Entwicklerinnen und Programmierern sehr stark gewachsen. Aus meiner Sicht wird dieser Trend in Zukunft durch den vermehrten Einsatz von Künstlicher Intelligenz (KI) noch zunehmen, denn auch die beste KI muss betreut und programmiert werden.

Künstliche Intelligenz (KI) ist ein Teilbereich der Informatik, der sich mit der Entwicklung von Maschinen befasst, die menschenähnliches Denken und Verhalten imitieren sollen. Das Ziel besteht darin, Computern die Fähigkeit zu geben, Aufgaben zu erledigen, die normalerweise menschliche Intelligenz erfordern würden.

Ingenieurwesen

Speziell in den Bereichen Maschinenbau, Elektrotechnik, Bauwesen und Energietechnik ist es schon jetzt schwierig, qualifizierte Fachkräfte zu finden. Die Gründe dafür liegen unter anderem im technologischen Fortschritt: Die rasante Entwicklung neuer Technologien erfordert hoch qualifizierte Ingenieure, die über spezifisches Fachwissen verfügen. Der Bedarf an Fachkräften in diesen Bereichen steigt, während das Angebot nicht ausreichend ist. Aber auch der internationale Wettbewerb spielt eine enorme Rolle - Ingenieure sind auf dem globalen Arbeitsmarkt gefragte Fachkräfte.

Viele qualifizierte Ingenieure ziehen es daher vor, im Ausland zu arbeiten, wo sie oft bessere Arbeitsbedingungen vorfinden und höhere Gehälter lukrieren. Die unausweichliche Folge ist ein Mangel an Fachkräften in einigen Ländern.

Handwerk

Handwerker sind stets gefragte Fachkräfte, und beispielsweise in der Metallverarbeitung, der Elektroinstallation oder der Sanitärtechnik herrscht ein massiver Mangel an guten Leuten, der immer stärker spürbar wird.

Aber das Handwerk hat mit Imageproblemen zu kämpfen, da es vielfach als weniger attraktiv angesehen wird als akademische Berufe. Außerdem sind Handwerksberufe oft mit körperlicher Arbeit und unregelmäßigen Arbeitszeiten verbunden. Zahlreiche junge Menschen entscheiden sich daher eher für eine akademische Laufbahn anstatt für eine Ausbildung im Handwerk.

Baugewerbe

Das zuvor Gesagte gilt gleichermaßen für das Baugewerbe. Gut ausgebildete Maurer, Elektrikerinnen oder Zimmerleute werden in den Betrieben händeringend gesucht.

Verkehr und Logistik

Auch in dieser Wirtschaftssparte sehen wir einen markanten Fachkräftemangel – seien es Lageristinnen und Speditionskaufleute auf der einen oder Busfahrerinnen auf der anderen Seite. Die Gründe dafür liegen unter anderem an der permanenten technologischen Weiterentwicklung: Die fortschreitende Digitalisierung sowie die zunehmende Automatisierung erfordern immer mehr Fachkräfte mit spezifischem technischen Know-how.

Die Nachfrage nach Ingenieuren in diesen Bereichen steigt stetig an. Die Globalisierung und der Online-Handel haben zu einem erhöhten Bedarf an Logistik- und Transportdienstleistungen geführt.

Die wachsende Nachfrage nach Lager- und Speditionsdienstleistungen verlangt nach qualifizierten Fachkräften. Berufe in der Verkehrs- und Logistikbranche sind häufig mit unregelmäßigen Arbeitszeiten verbunden und können körperlich anstrengend sein. Dies kann potenzielle Arbeitnehmerinnen abschrecken.

Gastronomie und Tourismus

Der Mangel an Fachkräften in der Gastronomie- und Tourismusbranche ist ein weit verbreitetes Problem, das sich seit Jahren immer weiter verschärft. Es gibt mehrere Gründe dafür: Viele Länder sehen sich einem demografischen Wandel gegenüber – der Altersdurchschnitt ihrer Bevölkerung steigt, weniger junge Menschen treten in die Branche ein, somit mangelt es an Nachwuchskräften.

Leider hat auch die Gastronomie- und Tourismusbranche vielfach mit einem schlechten Image zu kämpfen: Die Arbeitsbedingungen sind oft hart, die Bezahlung ist nicht immer angemessen und die Arbeitszeiten können unregelmäßig sein.

All dies schreckt potenzielle Mitarbeiter ab. Die saisonalen Schwankungen in vielen touristischen Regionen tragen außerdem dazu bei, dass eine erhöhte Nachfrage nach Arbeitskräften lediglich in bestimmten Monaten gegeben ist. Viele Menschen sind jedoch nicht bereit, nur für eine begrenzte Zeit zu arbeiten, was einen Mangel an Arbeitskräften nach sich zieht.

Verkauf

In dieser Branche fehlen insbesondere Außendienstmitarbeiterinnen, was genau wie in der Gastronomie teilweise an den wenig attraktiven Arbeits- und Entlohnungsbedingungen liegen dürfte. Dennoch gibt es auch hier Möglichkeiten, an gutes Personal zu kommen – wenn man weiß, wie!

Finanz- und Versicherungswesen

Diese Berufssparte leidet ebenfalls unter einem Mangel an gut ausgebildeten Fachkräften. Ein Grund dafür ist die Komplexität der Branche, die spezifisches Fachwissen benötigt. Die Ausbildung zum Finanzberater, Versicherungsfachmann oder Buchhalter erfordert einen gewissen Zeitraum wie auch Investitionen, was viele potenzielle Mitarbeiter abschreckt. Zudem unterliegt diese Branche sehr strengen regulatorischen Anforderungen, die von den Mitarbeitern ein hohes Maß an Fachkenntnissen und Compliance-Verständnis verlangen. Dass gerade das Finanz- und Versicherungswesen häufig mit einem schlechten Image zu kämpfen hat, hat zur Folge, dass viele Menschen diese Branche meiden und andere Karrierewege einschlagen.

Compliance bezieht sich auf die Einhaltung von Gesetzen, Vorschriften, Standards und internen Richtlinien, die für eine Organisation oder ein Unternehmen relevant sind.

Es geht darum, sicherzustellen, dass das Unternehmen in allen seinen Aktivitäten und Geschäftsprozessen ethisch und gesetzeskonform handelt.

Naturwissenschaften

Einen spürbaren Mangel an Fachkräften verzeichnen sowohl die Fachrichtungen Biologie, Chemie und Physik als auch andere naturwissenschaftliche Disziplinen. Dies kann verschiedene Gründe haben, wie zum Beispiel den demografischen Wandel, eine geringere Anzahl von Studierenden in den genannten Wissenschaftszweigen oder auch eine hohe Nachfrage nach qualifizierten Fachkräften in anderen Branchen. Es ist wichtig, dass wir als Gesellschaft Maßnahmen ergreifen, um das Interesse an naturwissenschaftlichen Fächern zu fördern und junge Menschen für diese Berufe zu begeistern.

Wie kann mein Unternehmen den Auswirkungen des Fachkräftemangels entgegenwirken?

Wenn du in einem der oben genannten Bereiche tätig bist, dann bist auch du möglicherweise bereits vom Fachkräftemangel betroffen. Und selbst wenn dein Unternehmen einer gänzlich anderen Sparte zugehörig ist, kann nicht ausgeschlossen werden, dass du Schwierigkeiten bei der Suche nach neuen Arbeitskräften hast.

Daher mein wichtigster Tipp für dich: Arbeite an der Sichtbarkeit deines Unternehmens!

Ich weiß, das ist leichter gesagt als getan. Um dir dabei zu helfen, lass mich dir ein paar grundlegende Anregungen mitgeben:

1. Fokussiere dich auf deine Stärken!

Stell dir die folgende Frage: „Was machen wir besser als unser schärfster Konkurrent?" Wenn du diese Frage beantwortet hast, kannst du damit beginnen, dein Unternehmen entsprechend wettbewerbssicher zu positionieren. Das heißt nicht, dass du nicht genauso gut auch deine Schwächen kennen solltest. Dein Fokus muss aber stets auf deinen Stärken liegen! Und das Wichtigste dabei: Kommuniziere diese Stärken offensiv nach außen!

2. Sei dir deiner Zielgruppe und ihrer Bedürfnisse bewusst!

Nur, wenn du die Bedürfnisse deiner Zielgruppe in- und auswendig kennst, kannst du die entsprechenden Argumente schaffen, um sie als Arbeitnehmer für dein Unternehmen zu gewinnen.

Stell dir vor, du bist in einer Handwerksbranche tätig. Deine Wunschkandidaten sind also Menschen, die über eine entsprechende Fachausbildung verfügen.

Was könntest du ihnen anbieten, um dich positiv von deinem Mitbewerb abzuheben? Insbesondere Arbeitskräfte in der Handwerksbranche nehmen ihr Firmenfahrzeug am Ende des Tages gerne mit nach Hause, denn das bedeutet für sie, dass sie sich den Weg vom letzten Kunden zurück in die Firma sparen, um den Firmenwagen abzustellen und auf den Privatwagen umzusteigen, den sie frühmorgens dort geparkt haben. Meiner Erfahrung nach ist aber genau dieser Bonus, also die erlaubte Privatnutzung des Firmenfahrzeuges, in vielen Handwerksunternehmen nicht möglich.

Wenn du deine Zielgruppe für dich gewinnen willst, kannst du ihnen beispielsweise ihren Firmenwagen zur Verfügung stellen und dies in deinen Postings kommunizieren. Für dich als Unternehmer bedeutet das nur ein paar Euro Mehrinvestition, während es für deine Mitarbeiterinnen einen großen Benefit darstellt. Ein Vorzug, der dich von deiner Konkurrenz, die dieses Goodie wahrscheinlich nicht anbietet, abhebt.

Ein Posting ist ein Beitrag oder eine Veröffentlichung, der bzw. die auf einer Online-Plattform oder in einem sozialen Netzwerk geteilt wird. Es kann sich um einen Text, ein Bild, ein Video oder um eine Kombination dieser Inhalte handeln, die von einem Benutzer oder einer Seite erstellt und online veröffentlicht wird.

Im Arbeitsplatzkontext weist der Begriff „Benefit" (auch „Goodie" genannt) auf Leistungen oder Zusatzleistungen hin, die ein Arbeitgeber seinen Mitarbeiterinnen anbietet, wie zum Beispiel Krankenversicherung, Dienstauto, Rentenpläne, bezahlten Urlaub, flexible Arbeitszeiten und Ähnliches.

3. Befrage regelmäßig deine Mitarbeiterinnen!

Regelmäßige Mitarbeiterbefragungen können dir nicht nur dabei helfen, deine Zielgruppe besser zu verstehen, sondern sie steigern gleichzeitig auch die Transparenz in deinem Unternehmen und verstärken die Loyalität deiner Mitarbeiterinnen. Alles, was du aus diesem offenen Feedback lernst, kannst du wiederum für deinen Recruiting-Prozess nutzen.

4. Erhöhe deine Sichtbarkeit!

Der vierte überaus wichtige Punkt ist die Sichtbarkeit deines Unternehmens. Wenn du erfolgreich topqualifizierte Mitarbeiter für dich gewinnen willst, musst du sichtbar werden. Das kann regional, aber auch national oder sogar international geschehen. Ganz egal, wo dein Unternehmen steht – hol es vor den Vorhang!

Heutzutage bezieht beinahe jeder Mensch seine Informationen aus dem Internet, daher ist es unabdingbar, dass du eine starke digitale Sichtbarkeit aufbaust. Die Social Media sind hier ein nützliches wie auch kosteneffizientes Tool, mit dem du deine Zielgruppe ansprechen kannst.

Übrigens: Auch viele Big Player (Konzerne) sind eher Hidden Champions, wenn sie beispielsweise einen Betrieb mit vielen Hundert oder Tausend Mitarbeitenden an einem bestimmten Ort haben. Selbst als Marktführer hat man es nicht immer einfach: Wenn die Marke zwar bekannt, der Betrieb aber versteckt mitten im Schwarzwald angesiedelt ist, kann auch ein solches Unternehmen Schwierigkeiten haben, das passende Personal zu finden.

Big Player sind in der Regel Unternehmen, die eine bedeutende Marktpräsenz, eine starke Markenbekanntheit sowie beträchtliche finanzielle Ressourcen haben, um in ihrem Marktumfeld eine führende Rolle zu spielen.

Hidden Champions sind erfolgreiche mittelständische Unternehmen, die zwar keine weltweite Bekanntheit vorweisen können, aber in ihrer Nische oder Branche führend sind und überdurchschnittlich erfolgreich agieren. Diese Unternehmen haben eine starke Marktposition und erzielen oft hohe Umsätze und Gewinne, stehen jedoch weniger in der öffentlichen Wahrnehmung als große, international bekannte Konzerne.

Welche Gruppen von Arbeitssuchenden gibt es?

Um als Unternehmen die bestqualifizierten Mitarbeiter zu finden, ist es zunächst nötig, den Arbeitsmarkt zu verstehen. Nur wenn du weißt, wo du suchen sollst, wirst du auch finden, was du brauchst. Grob kann der Arbeitsmarkt in vier circa gleich große Bereiche unterteilt werden:

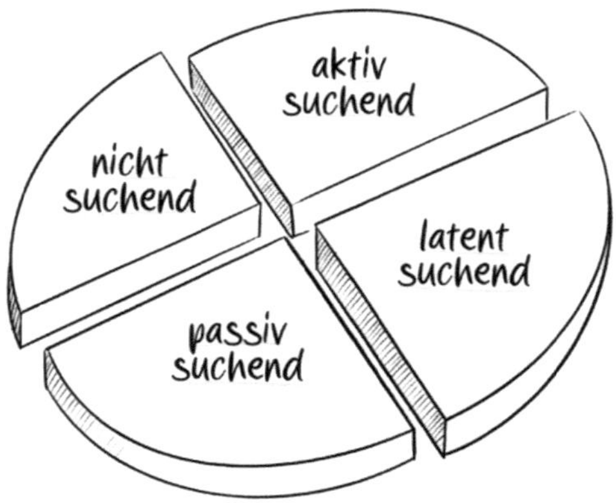

Aktiv Suchende

Zunächst gibt es die sogenannten **aktiv suchenden Kandidaten**. Das sind, wie der Name schon sagt, jene Menschen, die aktiv auf Jobsuche sind. Sie sind in der Regel in ihrer derzeitigen Position unzufrieden und suchen etwas Neues oder sie wurden vor Kurzem gekündigt bzw. sind bereits arbeitslos. Es kann aber auch sein, dass sich ihre familiäre Situation oder der Lebensmittelpunkt verändert hat und dies der ausschlaggebende Grund für einen Jobwechsel ist. Meist bewegen sich diese Kandidatinnen auf Jobplattformen, teilweise bewerben sie sich aber auch aktiv bei Unternehmen ihrer Wahl.

Latent Suchende

Danach kommen die **latent suchenden Kandidatinnen**. Diese befinden sich in einem aufrechten Dienstverhältnis, sind aber innerlich bereits entschlossen, ihren aktuellen Arbeitsplatz aufzugeben. Ihr Antrieb zu einem Jobwechsel ist zwar vorhanden, jedoch nicht drängend. Meist fehlt ihnen die Zeit, aber auch die starke Motivation, um aktiv nach einer neuen Anstellung zu suchen.

Passiv Suchende

Die **passiv suchenden Kandidatinnen** sind in ihrem derzeitigen Beschäftigungsfeld eigentlich zufrieden, jedoch offen für Neues. Häufig handelt es sich bei diesen Personen um Mitarbeiterinnen, die hochmotiviert an einzelnen Projekten arbeiten, oft topqualifiziert sind und gerne neue Herausforderungen annehmen.

Meist reicht bei ihnen Mundpropaganda, um den Stein für eine Bewerbung und einen Jobwechsel ins Rollen zu bringen. Großteils sind diese Kandidaten über klassische Jobplattformen nicht zu erreichen.

Nicht Suchende

Last, but not least kommen die **nicht suchenden Kandidaten**. Sie sind zufrieden, haben keine Lust auf einen Jobwechsel und arbeiten meist in Unternehmen, die ihre Bedürfnisse sehr gut erfüllen. Sie zeichnen sich durch eine gewisse Loyalität gegenüber ihrem Arbeitgeber aus und streben keine Veränderung an.

Sie machen rund ein Viertel des Gesamtanteils aus. Doch auch innerhalb dieser Gruppe kommt es immer wieder zu Wechseln.

So kann aus einem nicht suchenden Kandidaten rasch ein latent suchender Kandidat werden, wenn zum Beispiel eine neue Führungskraft auf den Plan tritt, mit der der Mitarbeiter so gar nicht auskommt, oder wenn sich andere wichtige Bedingungen am Arbeitsplatz ändern.

Betrachtet man diese verschiedenen Gruppen, so wird schnell klar, dass viele Unternehmen, die auf der Suche nach neuen Talenten sind, rund drei Viertel des Arbeitsmarktes nicht erreichen. Und doch können sich hinter all diesen Menschen tatsächlich Topmitarbeiterinnen verbergen – auch wenn die nicht suchenden Kandidaten hier auszunehmen sind.

Wieso sind Generationen für deinen Recruiting-Prozess relevant?

„Früher war alles ganz anders" – diese Aussage hört man oft. Und ja, das mag schon stimmen. Was jedoch auf jeden Fall stimmt, ist die Tatsache, dass jede Generation ihre Eigenheiten hat. ‚Generation?', denkst du nun vielleicht. ‚Etwa wie Großvater, Mutter, Tochter, Enkel? Oder wie?' Zumindest so ähnlich. Nur geht es bei den „Generationen", die ich meine, nicht um Blutsverwandtschaft, sondern um das Geburtsjahr und, damit einhergehend, um ein bestimmtes Mindset.

Mindset bezeichnet die Art und Weise, wie du grundsätzlich über dich selbst, andere Menschen und die Welt denkst. Es repräsentiert die tief verwurzelten Überzeugungen, Annahmen und Einstellungen, die dein Verhalten und deine Entscheidungsfindung beeinflussen.

Möglicherweise hast du schon einmal von der sogenannten „Babyboomer"-Generation oder von den Generationen X, Y, Z und Alpha gehört. Ich möchte dir in diesem Kapitel nicht nur kurz erläutern, was genau es mit diesen Generationenbezeichnungen auf sich hat, sondern auch zeigen, in welcher Art dir Social-Media-Recruiting und -Targeting (mehr dazu später) dabei helfen können, die jeweiligen Altersgruppen adäquat anzusprechen. Im Fokus unserer Betrachtung werden vor allem die Generationen Y, Z und Alpha stehen. Die Babyboomer sowie die Generation X werden etwas im Hintergrund bleiben, da diese in der Regel nicht zu jenen Zielgruppen gehören, die wir langfristig über Social Media erreichen wollen.

Wir widmen uns dem Nutzungsverhalten der einzelnen Generationen in den Social Media, um besser zu verstehen, worauf es im Marketing der Zukunft ankommen wird. Natürlich sind die Merkmale, die ich im Folgenden einer bestimmten Generation zuordnen werde, nicht unumstößlich oder absolut.

Nicht alle Eigenschaften und Einstellungen sind bei sämtlichen Vertretern einer Generation in gleichem Maße ausgeprägt – Menschen sind nun einmal unterschiedlich und lassen sich nicht in Schubladen pressen. Zumindest aber kann diese Einteilung als grobe Orientierung und Hilfestellung beim Verständnis von gesellschaftlichen Strukturen dienen. Und auch wenn sich die jeweiligen Angaben hinsichtlich der Geburtsjahre nicht in allen Quellen haargenau decken, können sie trotzdem als Richtschnur dienen.

Vielleicht erkennst du beim Lesen sogar einige Übereinstimmungen mit „deiner" Generation? Mir jedenfalls geht es so!

Babyboomer und Generation X

Die Vertreter der Babyboomer (1946–1964) und der Generation X (1965–1980) sind meist in Führungspositionen zu finden; sie suchen aktiv nach Arbeitskräften und Azubis für ihre Unternehmen.

In diesen Generationen finden sich zahlreiche fest verankerte Glaubenssätze. Neue Methoden werden manchmal mit etwas Argwohn betrachtet, wobei die Generation X als vergleichsweise flexibler und offener gegenüber Neuerungen gilt.

Falls du zu dieser Gruppe gehörst, dann freue ich mich umso mehr, dass mein Buch dich erreicht hat, denn wie es scheint, bist du offen für Neues!

Generation Y (Millennials, 1981–1996)

Die Generation Y, auch „Millennials" genannt, machte laut einer Studie aus dem Jahr 2021 zum damaligen Zeitpunkt rund 23 % der Gesamtbevölkerung aus. Das entspricht 1,8 Milliarden Menschen weltweit.[2] Also eine ganze Menge, die keineswegs vernachlässigt werden sollte!

Statistisch gesehen ist die Generation Y die am stärksten vernetzte Generation überhaupt. Im Durchschnitt besitzen die Millennials 9,2 Konten auf unterschiedlichen sozialen Plattformen – tatsächlich genutzt werden jedoch nur ein bis zwei davon.

Man meldet sich gerne einfach mal auf sämtlichen Plattformen an, um zu sehen, was dort läuft und ob man daraus einen Mehrwert beziehen kann.

---

[2] Quellen: WEF (World Economic Forum, also Weltwirtschaftsforum), United Nations, Bundesamt für Statistik Januar 2022.

Außerdem lieben Millennials es, online einzukaufen, ganz gleich, ob es sich dabei um Essen, Möbel oder Hygieneprodukte handelt; hauptsächlich werden jedoch Kleider, Schuhe und Accessoires bestellt.[3] Die Vertreter der Generation Y sind somit weitgehend mitverantwortlich dafür, dass der Einzelhandel seine Verkaufsstrategien anpassen musste, und in weiterer Folge auch dafür, dass wir heutzutage so viele Onlineshops haben.

Die Millennials dürfen sich rühmen, die am besten ausgebildete Generation überhaupt zu sein: Überdurchschnittlich viele von ihnen haben einen Abschluss einer höheren Bildungseinrichtung. Gemäß einer Studie hat jeder vierte Millennial weltweit mehr als zwei Ausbildungen abgeschlossen.[4] Als erste Generation gehören sie zu den sogenannten „Digital Natives", was bedeutet, dass sie schon mit digitalen Technologien aufgewachsen sind.

Als das Smartphone auf den Markt kam, waren viele von ihnen gerade einmal Teenager – das neue Telefon avancierte schnell zum absoluten Must-have, und auch die diversen Social-Media-Plattformen wurden mit großer Freude erkundet. Step by Step etablierten sich gleichzeitig der E-Commerce-Sektor sowie diverse Online-Tools, die schon bald zum Alltag zählten.

E-Commerce-Sektor (elektronischer Handel) nennt man den Bereich des Handels, der den Kauf und Verkauf von Waren und Dienstleistungen über das Internet sowie über andere elektronische Kommunikationsmittel ermöglicht. Hier werden Transaktionen elektronisch abgewickelt, ohne dass physische Geschäfte oder persönliche Interaktionen erforderlich sind.

[3] Quelle: Eurostat (Statistisches Amt der Europäischen Union) 2021.

[4] Quelle: Wittgenstein Centre Human Capital Data Explorer, BfS 2019.

Die sozialen Plattformen wurden zur intensiven Vernetzung mit Familie, Freunden sowie Arbeitskollegen genutzt. Mit dem Posten von Bildern und Texten konnten so auf einen Schlag alle Menschen, die ihnen wichtig waren, über Neuigkeiten oder Ereignisse informiert werden.

Im Zuge dieses Digitalisierungsschubs entstanden zahlreiche Online-Unternehmen, zumal ein wichtiges Merkmal der Generation Y die sogenannte „Sharing Economy" ist:

Millennials überlegen also, bevor sie ihr Geld investieren, ob sie das Wunschprodukt (beispielsweise ein Auto) wirklich ***kaufen*** müssen oder ob es nicht besser wäre, es lediglich anzumieten. Vor jedem größeren Kauf steht die dringende Frage: „Brauche ich das wirklich?"

!

In der Sharing Economy können Menschen ihre eigenen Ressourcen wie Autos, Wohnungen, Werkzeuge oder Zeit mit anderen teilen und gleichzeitig von den Ressourcen anderer profitieren. Dies führt oftmals zu einer effizienteren Nutzung sowie zu einer Reduzierung der Kosten für die Nutzer.

Remote Work wird auch als „Telearbeit" oder „Homeoffice" bezeichnet und bezieht sich auf eine Arbeitsform, bei der die Mitarbeiter ihre beruflichen Aufgaben außerhalb des traditionellen Büros und meistens von zu Hause aus erledigen.

Start-up-Unternehmen sind junge Unternehmen, die mehrheitlich darauf abzielen, innovative Produkte, Dienstleistungen oder Technologien zu entwickeln und in den Markt einzuführen.

Eine weitere prägende Eigenschaft dieser Generation ist ihre Flexibilität. Bedingt durch die rasant fortschreitende Digitalisierung legt die Generation Y besonderen Wert auf eine flexible Lebensgestaltung: Remote Work, aber auch eine ausgeglichene Work-Life-Balance stehen hier in der Prioritätenliste ganz weit oben. Und schließlich ist Nachhaltigkeit ein wichtiges und nicht zu vernachlässigendes Thema in dieser Altersgruppe. Es herrscht ein verbreitetes Interesse an Themen des Umweltschutzes, weshalb so gut wie jedes Start-up-Unternehmen, das oft aus Millennials besteht oder von diesen geführt wird, darauf setzt.

„Die Bewerber, die wir über Social Media erreichen, sind nicht ausreichend qualifiziert. Wir stellen sicherlich niemanden davon ein!"

Dieser Glaubenssatz ist oft – schon bevor überhaupt eine Kampagne gestartet wird – tief in den Köpfen von Unternehmern verankert. Besonders häufig erlebe ich, dass gerade jene Menschen, die selbst nicht in den sozialen Netzwerken aktiv sind, diesem Vorurteil aufsitzen. Doch lass mich dir einen Rat geben: Unsere Welt ist im Wandel, die technischen Innovationen schreiten schneller voran als jemals zuvor und die neuen Generationen wachsen mit einem zunehmenden technischen Selbstverständnis auf.

Wenn du es als Unternehmen verpasst, an diese Entwicklungen anzuschließen, wirst du es in Zukunft schwer haben, geeignetes und vor allem topqualifiziertes Personal zu finden. Um dein Unternehmen zukunftssicher zu positionieren, musst du vor allem auf Topmitarbeiter bauen, die du vorrangig über die Social Media finden wirst! Auf den sozialen Plattformen tummeln sich nämlich nicht nur aktiv suchende Menschen, sondern auch jene, die lediglich latent oder gar nur passiv auf der Suche nach einem neuen Job sind. Sprichst du diese User zum richtigen Zeitpunkt an, werden sie sich bei dir bewerben! Du siehst, der Pool an Möglichkeiten ist nahezu unbegrenzt. Und noch etwas: Was ist deiner Ansicht nach wichtiger? Hunderte durchschnittliche Bewerber, die du nicht einstellen willst, oder zehn Topkandidaten, bei denen dir die Wahl richtig schwerfällt? Hier macht sich nämlich noch ein weiterer Vorteil von Social-Media-Recruiting bemerkbar: Wir können sowohl die Qualität als auch die Quantität der Bewerber mittels eines interaktiven Bewerbungstrichters steuern.

Am Ende trennt sich die Spreu vom Weizen – und für dich bleiben nur noch die Topkandidaten übrig!
Nicht schlecht, oder?

Generation Z (Zoomer, 1997–2010)

Die Generation Z wird auch als „Zoomer“ bezeichnet. Sie sind bereits mit Tablets, Smartphones und Laptops aufgewachsen, und natürlich sind auch sie Digital Natives.

Soziale Plattformen sind aus ihrem Leben nicht mehr wegzudenken – im wahrsten Sinne des Wortes! Zoomer kennen eine Welt ohne Digitalisierung nicht oder maximal aus Erzählungen.

Soziale Netzwerke wie Facebook oder LinkedIn etc. werden bedenkenlos privat wie auch geschäftlich genutzt. Spannend ist hierbei der Umstand, dass das Bedürfnis dieser Gruppe nach Datenschutz nicht sehr stark ausgeprägt ist und viele Informationen bereitwillig bekannt gegeben werden.

Laut einer Studie von IBM verbringen rund 74 % der Zoomer auch ihre private Zeit großteils online – das heißt, diese Generation führt ihr Leben wesentlich häufiger in einer virtuellen als in der realen Welt! Drei Viertel der Befragten haben angegeben, dass sie in dieser Online-Zeit meist über ihr Smartphone kommunizieren oder surfen.

Wenn es um diese Altersgruppe geht, stellt sich daher für ein Unternehmen unweigerlich die Frage: „Was bringt mir das tollste Schaufenster, wenn meine Zielgruppe 74 Prozent ihrer Zeit in der digitalen Welt verbringt?" Dazu gesellt sich – Achtung! – noch ein weiterer wichtiger Aspekt: Zoomer haben eine sehr kurze Aufmerksamkeitsspanne! Bedingt durch die ständige Reizüberflutung, mit der sie tagtäglich online konfrontiert sind, entscheiden die Vertreter dieser Gruppe meist im Bruchteil einer Sekunde, ob der dargebotene Inhalt für sie von Relevanz ist oder nicht.

Kurz gesagt: Sie inhalieren Content auf den Social Media, verschlingen Unmengen an Videos aus unterschiedlichsten Bereichen, entscheiden aber innerhalb von Sekunden, ob sie dranbleiben oder weiterscrollen.

Anders als die Generation Y bewegen sie sich grundsätzlich nur auf einer bis zwei Plattformen, konsumieren vorrangig (bewegte) Bilder und sind nicht so stark vernetzt.

Ein weiteres wichtiges Merkmal der Zoomer ist ihr Wunsch nach Personalisierung: Diese Generation liebt individualisierte Werbung, wodurch sich auch ihr verringertes Bedürfnis nach Datenschutz erklären lässt.

Personalisierte Inhalte, Produkte und Dienstleistungen werden von den Zoomern immer bevorzugt. Sie haben nichts dagegen, wenn ein Algorithmus ihre Onlinebewegungen zurückverfolgt und sie dafür im Gegenzug Angebote erhalten, die exakt auf sie zugeschnitten sind.

Auch für diese Generation steht der Aspekt der Nachhaltigkeit ganz oben auf der Prioritätenliste.

Content: Informationen, Inhalte oder Medien, die für eine bestimmte Zielgruppe erstellt werden, sei es zur Unterhaltung, als Information oder für Marketingzwecke. Content kann in unterschiedlichsten Formaten als Texte, Bilder, Videos, Audiodateien, Infografiken, Präsentationen und mehr vorliegen.

Scrollen: Unter „Scrollen" versteht man das Verschieben des Inhalts einer Webseite, eines Dokuments oder einer anderen digitalen Oberfläche in eine bestimmte Richtung, um Informationen zu sehen, die außerhalb des aktuell sichtbaren Bereichs liegen.

Ein Algorithmus ist, einfach ausgedrückt, eine Reihe von Anweisungen, die Schritt für Schritt ausgeführt werden, um eine Aufgabe zu erfüllen. Der Algorithmus der Social Media entscheidet, welche Beiträge die Nutzer beim Ansehen ihres Feeds zu sehen bekommen und in welcher Reihenfolge diese erscheinen.

Generation Alpha (2011–2025)

Die Generation Alpha ist jene Generation, die, während ich dieses Buch schreibe, entweder noch in den Kinderschuhen steckt oder noch gar nicht geboren wurde. Trotzdem können wir ihr Nutzungsverhalten vorhersehen, da dieses im Grunde stark von dem ihrer Eltern, deren Verhalten wir bereits kennen, mitbestimmt wird.

Fest steht in jedem Fall, dass auch diese Generation eine ausgesprochen hohe Technologieaffinität aufweisen wird, da ihnen technische Geräte und Tools quasi in die Wiege gelegt werden. Technologie wird für diese Generation eine Selbstverständlichkeit darstellen – sie werden damit groß und können von Anfang an damit umgehen. Sie werden interaktive Inhalte bevorzugen und Virtual Reality sowie Hochleistungscomputer werden eine Rolle spielen. Interaktivität wird zunehmend an Bedeutung gewinnen und die Hilfe von KI wird zur Alltäglichkeit werden.

Statischen Abläufen wird die Generation Alpha vermutlich nicht viel abgewinnen können, Inhalte sollen vor allem personalisiert sein. Auch das Schul- und Lernwesen wird sich, bedingt durch die Bedürfnisse dieser Gruppe, gravierend verändern: So ist es absehbar, dass Schulbücher nur noch in Form von Apps existieren und die klassischen Kreidetafeln schon bald flächendeckend durch Multifunktionsboards ersetzt werden. Papier wird immer weniger gebraucht, die Hausarbeit schreibt man auf dem Tablet, die Lerninhalte werden online zur Verfügung gestellt. Und Social Media werden nicht zuletzt aufgrund der bereits intensiven Nutzung durch ihre Elterngeneration für sie gang und gäbe sein.

Wo wir diese Generation online finden werden? Lassen wir uns überraschen - ich denke, überall.

Unter Virtual Reality versteht man eine Technologie, die es den Benutzern ermöglicht, in eine computergenerierte - also künstlich erzeugte - dreidimensionale Umgebung einzutauchen und mit ihr zu interagieren.

Fazit

Der wachsende Fachkräftemangel muss nicht zwangsläufig auch dein Unternehmen betreffen. Arbeite aktiv an der Positionierung und Sichtbarkeit deiner Arbeitgebermarke und gewinne so die besten Talente für dich. Gerade Social-Media-Recruiting eignet sich ideal dafür.

Betrachtet man die Bedürfnisse der einzelnen Generationen, so erkennt man bald ein Nutzungsverhalten, das sich zwar in einigen Punkten unterscheidet, aber jedenfalls eines gemeinsam hat: Die Zukunft findet digital statt, ob wir wollen oder nicht. Daher wird auch das Recruiting von qualifizierten Arbeitskräften über digitale Medien immer mehr an Bedeutung gewinnen.

„Ich möchte keine Mitarbeiter, die ihre Zeit mit Social Media vertrödeln!"

Zugegebenermaßen höre ich diese Aussage sehr oft. Ich möchte dir an dieser Stelle aber erklären, wieso es sich hierbei um einen Irrglauben handelt. Meist hegen die Generationen, die selbst nicht in den Social Media vertreten sind, die Annahme, dass es sich dabei um so etwas wie Zeitverschwendung handelt. Sie sind der Auffassung, dass nichts Sinnvolles oder gar Nützliches aus diesen Plattformen entspringen kann.

Aber Achtung – genau hier liegt der Hund begraben! Schauen wir uns doch die Generationen der Zukunft an: Bedingt durch den rasant voranschreitenden technologischen Wandel verbringen sie mehr und mehr ihrer Zeit in diesen sozialen Medien. Die gesamte Zukunft entwickelt sich in genau diese Richtung.

Sofern du also dein Unternehmen zukunftssicher positionieren willst, ist es nahezu unumgänglich, ebenfalls auf den Social Media aktiv zu sein beziehungsweise diese Entwicklung zumindest anzuerkennen und darauf zu reagieren.

Zielgruppe

Teil 2: Zielgruppe – Auf welcher Plattform finde ich meine KandidatInnen?

Welche Social-Media-Plattformen gibt es und welche Zielgruppen haben sie jeweils?

Mittlerweile existieren Tausende Social-Media-Plattformen. Eine genaue Zahl lässt sich hier nicht bestimmen, denn es drängen immer wieder neue auf den Markt, dafür verschwinden andere in der Versenkung. Wie findest du also die richtigen Medien für dich?

Nun, grundsätzlich ist jedes soziale Medium, auf dem Menschen ihre Zeit verbringen, der potenziell richtige Ort für deine Unternehmenswerbung. Aber Achtung – Social-Media-Plattform ist nicht gleich Social-Media-Plattform!

Als Unternehmen müssen wir uns genau überlegen, auf welcher Plattform sich unsere Zielgruppe tatsächlich bewegt, denn nur so können unsere Werbekampagnen auch den gewünschten Erfolg bringen. Es ist daher durchaus von Bedeutung, welche Jobvakanz du auf welchem Kanal sichtbar machst. Damit du entscheiden kannst, welches Medium für dich geeignet ist und in welches du investieren solltest, um den bestmöglichen Output zu bekommen, musst du zuerst verstehen, wie die einzelnen Social-Media-Plattformen funktionieren.

„Die Mitarbeiter, die wir suchen, erreichen wir nicht über Social Media!"

Dieser Glaubenssatz wird von der Annahme bestärkt, dass nur junge Menschen in den Social Media aktiv sind.

Als Unternehmen solltest du deine Zielgruppe genau kennen, denn dann kannst du herausfinden, auf welchen Plattformen sie sich bewegt.

Auch Personen mit mehr Berufserfahrung nutzen soziale Medien für sich – du musst nur wissen, wo du nach ihnen suchen sollst.

Mehr dazu findest du in diesem Kapitel.

Am besten schauen wir uns die beliebtesten Plattformen in aller Kürze an und ordnen sie gemeinsam ein:

Facebook

Man könnte Facebook quasi als „Mutter aller Social-Media-Plattformen" bezeichnen, denn erst durch dieses digitale Netzwerk kam es zum weltweiten Durchbruch der Social Media. Auf Facebook bewegen sich vor allem die Generationen Y bis Babyboomer. Hier findest du also viele Menschen, die sich von klein auf in den sozialen Netzwerken bewegen und deren Entwicklung von der Stunde null an miterlebt haben. Wir sprechen hier also von ausgelernten Fachkräften im Alter von Mitte bis Ende 20 beziehungsweise Anfang 30.

Jedoch hat Facebook noch eine Besonderheit aufzuweisen: Als diese Plattform begann, immer mehr an Bedeutung zu gewinnen, waren viele der heutigen aktiven Nutzer noch nicht einmal volljährig. Das heißt, ihre Eltern, manchmal sogar ihre Großeltern, meldeten sich damals parallel dazu ebenfalls auf Facebook an, um zu schauen, was das eigene Kind dort so macht. Als die jungen Leute davon Wind bekamen, wanderten viele kurzfristig auf andere Plattformen aus – wer will sich schließlich schon gerne von Mama oder Opa online „überwachen" lassen?

Doch irgendwann wurde auch diese Generation erwachsen und hatte kein Problem mehr, sich die Plattform mit den Eltern und Großeltern zu teilen – ganz im Gegenteil: Manche von ihnen „überwachen" heute ihrerseits die eigenen Eltern und Großeltern, frei nach dem Motto: „Solange sie etwas posten, geht es ihnen gut." Somit besteht gegenwärtig das Publikum auf Facebook tendenziell eher aus Vertretern der Babyboomer sowie der Generationen X und Y als aus den Sprösslingen jüngerer Generationen.

Instagram

Wie Facebook gehört auch Instagram zur Muttergesellschaft „Meta", dennoch sind beide Plattformen durchaus unterschiedlich aufgebaut.

Auf Instagram bewegt sich vor allem ein jüngeres Publikum, der Frauenanteil ist im Schnitt höher und man kommuniziert vorrangig über Bild-Content, auch wenn es mittlerweile schon sogenannte Storys und Reels gibt. Viele Influencer sind durch Instagram großgeworden, daher sind sie auf dieser Plattform sehr aktiv und ziehen immer weiter neue User und Follower an. Auf diese Art und Weise hat Instagram auch heute noch ein starkes Wachstum an Mitgliedern.

Wir erreichen auf dieser Plattform vor allem die Generation Z, also unsere Hauptzielgruppe für die nächsten Jahre.

TikTok

Während sich auf Instagram die Fachkräfte von morgen tummeln, finden wir auf TikTok die potenziellen Mitarbeiter von übermorgen. Das Publikum auf diesem aus China stammenden Medium ist jünger als jenes auf allen anderen Kanälen. Hier bewegt sich vor allem die Generation Z, inzwischen aber auch schon die Generation Alpha.

Diese Plattform bietet ausschließlich die Möglichkeit, schnellen Video-Content zu erstellen. Die Sequenzen dauern meistens nur einige wenige Sekunden. Die Besucherinnen „inhalieren" quasi in rascher Abfolge ein Video nach dem anderen, vor allem solche mit einem hohen Unterhaltungsfaktor.

Da über diese Plattform Menschen via Videos gewonnen werden, ist sie ideal für sogenannte Imagekampagnen.

„Storys" sind eine beliebte Funktion auf vielen Social-Media-Plattformen. Sie ermöglichen es, temporär visuelle Inhalte wie Fotos, Videos und Texte zu teilen, die nach einer bestimmten Zeitspanne automatisch verschwinden.

Reels sind kurze, unterhaltsame und kreative Videos. Ähnlich wie die Storys sind auch die erstellten Reels nur zeitlich begrenzt verfügbar.

Ein Influencer ist eine Person, die in den sozialen Medien oder auf anderen Online-Plattformen eine beträchtliche Anhängerschaft und Reichweite aufgebaut hat und dadurch einen signifikanten Einfluss auf ihre Follower ausübt.

Die Bezeichnung Follower bezieht sich in den sozialen Medien auf eine Person, die einem anderen User oder einer Seite folgt, um deren Beiträge und Updates in deren Feed zu sehen. Wenn du also einem bestimmten Nutzer, z. B. einem Influencer, folgst, wirst du als dessen Follower betrachtet.

Bei einem Feed handelt es sich um einen fortlaufenden Content, durch den du scrollen kannst. Hier werden die neuesten Informationen und Beiträge von jenen Personen oder Konten angezeigt, denen der User folgt.

Imagekampagnen, auch als „Markenkampagnen" oder „Branding-Kampagnen" bezeichnet, sind strategische Marketing-Initiativen, die darauf abzielen, das Ansehen und die Wahrnehmung einer Marke oder eines Unternehmens zu verbessern.

Du hast auf dieser Social-Media-Plattform nicht nur die Möglichkeit, dein Unternehmen in einem oder mehreren Kurzvideos vorzustellen, sondern kannst auch deine gesamte Branche für junge Menschen attraktiv machen.

Ich erlebe in meiner Praxis immer wieder, dass gewisse Branchen über einen mangelnden Zulauf von jungen Menschen klagen. Ich sage dazu nur: „Kein Wunder!" Wenn du als Branchenunternehmen junge Menschen nicht für einen Beruf oder eine Branche begeistern kannst – wieso sollten sie ihn dann ergreifen? Im Mindset der Menschen findet seit geraumer Zeit ein entscheidender Wandel statt: Die junge Generation sieht Arbeit und Beruf nicht mehr als einzigen Lebensinhalt. Sie möchte neben einer ausgewogenen Work-Life-Balance vor allem einen Job, der interessant ist. Geld als Aufwandsentschädigung allein wird von dieser Generation nicht mehr akzeptiert. Sie will mehr!

LinkedIn und XING

Beide Social-Media-Kanäle sind spezialisierte Businessnetzwerke, die kaum jemand privat nutzt. XING ist eine Plattform, die in erster Linie von Usern aus Deutschland und Österreich verwendet wird, während LinkedIn sowohl im gesamten DACH-Raum als auch international vertreten ist. Die Zielgruppen, die sich auf diesen Plattformen bewegen, sind vor allem Führungskräfte, leitende Personen und Sales-Mitarbeiter für (meist) B2B-Verkäufe. LinkedIn bietet im Übrigen mehr Möglichkeiten für gezielte Werbeschaltungen als XING, was insbesondere durch sogenanntes Targeting ermöglicht wird, worunter man das gezielte Erreichen einer bestimmten Zielgruppe durch die Verwendung von Keywords (engl. für Schlüsselwörter, Schlagwörter, Stichwörter) versteht.

Außerdem bietet LinkedIn die Möglichkeit, Bewerbungsprozesse mittels eines Controllings zu begleiten und die Ergebnisse zu filtern. Man könnte meinen, dass sich auf diesen Plattformen vor allem die Generationen X und Y bewegen, aber in Wirklichkeit wollen auch viele ambitionierte junge Menschen im Business-Netzwerk Präsenz zeigen. Besonders junge Unternehmensgründerinnen sind hier unterwegs, und immer mehr junge Menschen erreichen auf LinkedIn eine große Reichweite, indem sie auf dieser Plattform über ihren beruflichen Alltag posten. Daher kann man sagen, dass gerade LinkedIn altersübergreifend verwendet wird.

So weit also der kurze Überblick über die gängigsten und derzeit beliebtesten Plattformen im Social-Media-Bereich. Selbstverständlich ist diese Liste alles andere als vollständig und sie ändert sich auch laufend. Sie soll dir lediglich als Anstoß dienen und dir ein Gefühl dafür vermitteln, wo du deine potenzielle Zielgruppe erreichen kannst.

Wie erreiche ich meine Talente? „Targeting" schnell erklärt

Immer wieder wirst du in diesem Buch auf den Ausdruck „Targeting" stoßen. Doch was bedeutet dieser Begriff überhaupt und wie kann dir diese Methode bei der Suche nach Arbeitskräften helfen?

Nun, zunächst einmal versteht man unter Targeting nichts anderes, als gewisse Zielgruppen – also deine potenziellen Kandidatinnen – einer Kategorie zuzuordnen. In dieser Kategorie sind die Daten von Personen zusammengefasst, auf die du dich bei deiner Suche konzentrieren möchtest.

In einem nächsten Schritt nutzt du dieses Datenmaterial, um damit einen Algorithmus zu füttern. Dieser Algorithmus hat dann die Aufgabe, deine Werbung nur jenen Menschen anzuzeigen, die zu den von dir festgelegten Kategorien passen. Gar nicht schlecht, oder?

Natürlich gibt es unterschiedlichste Methoden, um Targeting zu betreiben: Man kann beispielsweise über sogenannte Keywords arbeiten und seine Zielgruppe genau ansprechen. Genauer darauf einzugehen würde aber in diesem Buch zu weit führen. Du möchtest vor allem wissen, wie du Targeting gezielt für deine Suche auf sozialen Plattformen verwenden kannst. Aus diesem Grund schauen wir uns im Folgenden drei besondere Formen des Targetings an:

Demografisches Targeting

Diese Form des Targetings erlaubt es uns, Verhaltensmuster unserer Zielgruppe abzuleiten. Jeder von uns gibt im Internet Unmengen an Informationen preis. Allein beim Erstellen eines Social-Media-Profils auf einer x-beliebigen sozialen Plattform werden bereits Daten wie zum Beispiel dein Geschlecht oder dein Alter erhoben. Außerdem werden in weiterer Folge sämtliche deiner digitalen Schritte durch einen Algorithmus gespeichert. Du kannst dir das wie eine Art digitalen Fußabdruck vorstellen. Wie jeder menschliche Fußabdruck ist auch dieser individuell – je nachdem, welche Webseiten du besuchst, welche Inhalte du online konsumierst und auf welchen Plattformen du angemeldet bist.

Im Grunde ist der Algorithmus, der jeden einzelnen deiner Schritte im World Wide Web in einem schier unendlich langen Code speichert, nichts anderes als eine sogenannte „Datenkrake". Unabhängig davon, wie wir möglicherweise privat zu diesem Datensammeln stehen, kann es uns im beruflichen Kontext äußerst nützlich sein.

Warum? Nun, die gesammelten Daten können wir vor allem im Recruiting-Prozess nutzen, um unsere Suche zu verfeinern. Dies ist im Übrigen nur einer der gravierenden Vorteile im Vergleich zu klassischen Annoncen in Zeitungen und Co.: Offline publizierte Job-Annoncen sind nicht messbar, digitale hingegen schon. In diesem digitalen Prozess können wir nicht nur nach bestimmten Interessensgruppen filtern, wir können zudem gezielt Kampagnen erstellen, die genau diese Menschen ansprechen, und auf diese Art Potenziale herausfiltern, die unser Unternehmen bereichern.

Eine Anmerkung möchte ich an dieser Stelle jedoch noch machen: Es ist in Jobanzeigen – glücklicherweise! – verboten, nach diskriminierenden Kriterien, wie beispielsweise nach Geschlecht, Religion, Weltanschauung oder der ethnischen Zugehörigkeit, zu filtern!

Geografisches Targeting

Wie dieser Name bereits erahnen lässt, geht es hier vorrangig um den geografischen Standort deiner bevorzugten Zielgruppe. Es wäre beispielsweise nicht sehr schlau, deutschlandweit einen Auszubildenden für deinen Berliner Standort zu suchen. Die Anzahl an Bewerbern, die wegen der räumlichen Distanz ausscheiden, wäre einfach zu groß. Eine Einschränkung durch geografisches Targeting verkleinert demnach deinen Suchradius und führt zu akkurateren Ergebnissen.

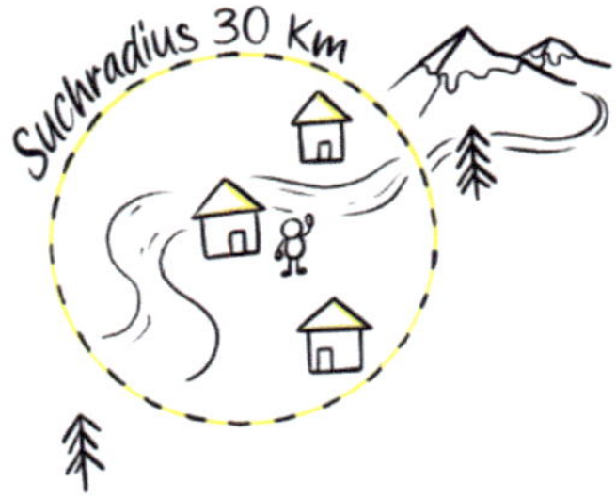

Retargeting

Damit ist die Wiederansprache von Personen gemeint – und dies ist etwas, das ausschließlich bei Social-Media-Recruiting funktioniert. Warum? Stell dir vor, du schaltest eine klassische Zeitungsannonce für deine Jobvakanz. Deine Zielgruppe sieht – mit Glück, falls sie diese Zeitung überhaupt kauft – deine Anzeige genau ein einziges Mal. Falls du erneut sichtbar werden willst, musst du in eine weitere Annonce investieren. Logisch, oder? Wenn du deine Zielgruppe jedoch online ansprichst, kann bzw. wird sie ein und dasselbe Inserat auch öfter angezeigt bekommen – speziell dann, wenn schon beim ersten Mal mit der Anzeige interagiert wurde und eine Person dir beispielsweise ein „Like" gegeben, die Anzeige mit jemandem geteilt oder einen Kommentar dazugeschrieben hat o. Ä.

Targeting im Onlinebereich

Im digitalen Bereich können wir diesen Prozess also nicht nur um einiges schneller, sondern vor allem kostenschonender gestalten. Nehmen wir an, du hast eine Zielgruppe von rund 10.000 Menschen. 500 von diesen Personen klicken auf deine Online-Kampagne, die sie wiederum zu einem Bewerbertrichter mit Tracking-Tool führt.

Tracking-Tools beobachten und verfolgen das Nutzerverhalten. Das bedeutet, sie sammeln wichtige Daten und erstellen entsprechende Analysen sowie Reporte, damit du weißt und nachvollziehen kannst, welche Maßnahmen und Strategien gut funktionieren und welche weniger gut oder gar nicht.

Durch das Anklicken deiner Kampagne zeigt ein User Interesse für deine Vakanz. Wenn sich nun 500 Personen dafür interessieren, so hast du deren Daten bzw. eine Möglichkeit, sie ein weiteres Mal anzusprechen. Das nennt man Retargeting.

Randbemerkung: Sollten sich von den besagten 500 Personen lediglich 50 bewerben, kannst du dich fragen, was aus den übrigen 450 Usern geworden ist, die zwar auf deine Kampagne geklickt und Informationen eingeholt, sich aber schlussendlich nicht bei dir beworben haben. Dafür gibt es zahlreiche Gründe, doch dazu später mehr.

Mithilfe von Retargeting gelingt es dir, deine benutzerdefinierte Zielgruppe (auch „Custom Audience" genannt) kosteneffizient immer wieder anzusprechen und so als Arbeitgebermarke sichtbar zu werden.

Was sind die Vor- und Nachteile von klassischen Printmedien?

Nachdem du nun weißt, wie dich Targeting effektiv bei der Suche nach topqualifizierten Arbeitskräften im digitalen Raum unterstützen kann, möchte ich an dieser Stelle noch einmal kurz auf die Vor- und Nachteile von klassischen Printmedien eingehen:

Einer der Vorteile einer Zeitung oder Zeitschrift ist sicherlich ihre physische Verfügbarkeit. Im besten Fall liegt das Blatt mit deiner Annonce lange auf den Couchtischen deiner potenziellen Arbeitskräfte. Sie blättern immer wieder darin herum und stoßen dadurch mehrmals auf deine Anzeige. Zudem empfinden es viele Menschen positiv, wenn sie buchstäblich etwas in der Hand haben, wenn also dein Angebot physisch greifbar ist.

Aber: Eventuell liest deine tatsächliche Zielgruppe diese Zeitung erst gar nicht. Dann wird es schwierig, die Toptalente zu finden. Natürlich können die Eltern oder Großeltern dieser Personen das Printmedium lesen, auf dein Stellenangebot aufmerksam werden und es an dich weiterempfehlen. Vielleicht. Vielleicht aber auch nicht.

Du siehst, bei all diesen Schritten braucht es vor allem eine wichtige Zutat: Glück. Liest deine Zielgruppe die Zeitung hingegen nicht und wird deine Stellenausschreibung auch nicht durch Mundpropaganda weitergetragen, geht dein Inserat unter. Deine Arbeitgebermarke ist nicht sichtbar.

Die Social Media erlauben hier schon mehr Gestaltungsspielraum: Zum einen erreichen wir die Menschen genau dort, wo sie sich am liebsten bewegen – nämlich im Internet –, zum anderen können wir sie durch gezielte und maßgeschneiderte Werbung relativ leicht ansprechen. Ein weiterer nicht von der Hand zu weisender Vorteil der sozialen Plattformen ist die Tatsache, dass die Bewerbungsprozesse reibungs- und mühelos funktionieren, wenn du technisch entsprechend vorbereitet bist.

Nehmen wir noch einmal das Beispiel der Zeitungsannonce: Gesetzt den Fall, dass der potenzielle Kandidat deine Anzeige sieht und sich dafür bewerben möchte, stehen ihm noch einige sogenannte „Bewerbungskiller" im Weg.

Zunächst einmal kann er sich nicht direkt über die Zeitung bewerben. Meist bedarf es einer extra Bewerbungsmail oder man muss die Webseite des Unternehmens besuchen, um mehr Informationen zu bekommen. Möglicherweise hat die betreffende Person aber auch gerade keinen Laptop oder kein Handy zur Hand … und schon sinkt die Wahrscheinlichkeit für eine Bewerbung.

Im digitalen Raum hingegen kannst du alle diese Prozesse nahtlos ineinanderfließen lassen – vom Lesen der Anzeige über das Anklicken der Kampagne bis hin zum Bewerbungstrichter, der eine Interessentin rasch und intuitiv durch die Bewerbung führt. Und das alles mit nur ein paar schnellen Klicks!

Halte dir stets vor Augen, dass die zukünftigen Generationen zunehmend weniger Wert auf Printannoncen legen werden. Je größer also der digitale Anteil deines Bewerbungsprozesses ist, umso besser. Das heißt aber auch, dass das Targeting immer mehr an Gewicht gewinnen wird – unabhängig davon, wie man aus datenschutzrechtlichen Gründen dazu steht. Denn eines ist gewiss: Die künftigen Generationen werden ein anderes Verständnis von Datenschutz haben als wir. Lieber geben sie Daten preis, um im Austausch dafür maßgeschneiderte Angebote zu erhalten, als mit Massenwerbung überschüttet zu werden, die keinen Mehrwert für sie hat.

Wie unterscheidet sich Social-Media-Recruiting von klassischen Methoden?

Einiges an Input hast du in diesem Kapitel bereits gefunden. Auf klassischen Jobplattformen im Internet erreichen wir – wie schon erwähnt – in der Regel nur aktiv Suchende, also Menschen, die gezielt und bewusst nach einer neuen Beschäftigung Ausschau halten. Doch wie du ebenfalls gelesen hast, besteht der Arbeitnehmermarkt nur zu einem Viertel aus aktiv Suchenden. Im Umkehrschluss erreichst du also ein sattes Dreiviertel des Marktes nicht!

Über Social Media hingegen kannst du nicht nur Menschen ansprechen, die aktiv nach einer (neuen) Anstellung Ausschau halten, sondern auch jene, die latent, passiv oder gar nicht nach Jobs suchen. Denn vergiss nicht: Selbst, wenn eine Person heute noch gar nicht an einen neuen Job denkt, kann sich das Blatt oft schon nach kurzer Zeit wenden.

Was sind die Vor- bzw. Nachteile von Jobplattformen und Personalvermittlern?

Ein Vorteil von Jobplattformen ist zweifelsohne das Managementsystem, das einige Anbieter mittlerweile zur Verfügung stellen. Dieses garantiert dir die gezielte Kommunikation mit den Bewerberinnen – etwas, das auf den Social Media nur über einen Messenger-Dienst möglich ist und somit einen Mehraufwand bedeutet.

Was du allerdings wissen solltest, ist der Umstand, dass auf klassischen Jobplattformen eher große Unternehmen zum Zug kommen. Kein Wunder, ist ihre Arbeitgebermarke doch bereits einem größeren Publikum geläufig! Das typische Mittelstandsunternehmen geht in diesen Strukturen schlicht und ergreifend unter, da Suchende die Firma oft nicht kennen und damit aufseiten der Interessenten meist auch noch kein großes Vertrauen in die Marke gegeben ist.

Auch hier zeigt sich wieder, wie enorm wichtig es ist, deine eigene Arbeitgebermarke zu stärken und nachhaltig aufzubauen, um sie zum richtigen Zeitpunkt in das Bewusstsein von potenziellen neuen Mitarbeitern zu rufen.

Bedenke daher: Jeder Euro, den du in Social Media investierst, erhöht zusätzlich zu deinem eigentlichen Ziel – dem Recruiting – den Bekanntheitsgrad deiner Arbeitgebermarke und macht die User mit deinen Unternehmenswerten vertraut. Du baust also nach und nach eine Bindung zu deinen Followern auf.

Headhunter und Co.

Neben den klassischen Suchplattformen sind dir sicherlich auch sogenannte „Headhunter" und Personalvermittler bzw. Personalüberlassungsfirmen ein Begriff. Seit der Gründung von Adstark werde ich immer wieder gefragt, ob es sich bei uns um ein Headhunter-Business handelt. Die Antwort darauf lautet: „Nein, wir sind keine Headhunter." Denn was macht ein Headhunter? Im Grunde geht er aktiv auf potenzielle Kandidaten zu und versucht, diese an- bzw. (meist aus einem bestehenden Dienstverhältnis) abzuwerben. Er ist damit als Dienstleister für ein Unternehmen tätig, das entweder einen oder auch mehrere Kandidaten zur Auswahl haben möchte und dafür eine stattliche Provision zu zahlen bereit ist – im Schnitt zwischen 15 % und 35 % des zu erwartenden Jahreszielbruttogehalts. Diese Art der Personalsuche ist also zumeist mit einem nicht unerheblichen Kostenaufwand verbunden.

Was Personalvermittlungen beziehungsweise Personalüberlassungsunternehmen betrifft, so arbeiten diese beiden sehr ähnlich: Personalüberlassungsfirmen „verleihen" sozusagen ihre Angestellten an andere Unternehmen, die einen – meist kurzfristigen – Personalengpass haben, den sie mit ihrem eigenen Stammpersonal nicht füllen können. Das Geld bezahlt man als Unternehmen dabei nicht an die Leiharbeiter selbst, sondern an die Leiharbeitsfirma. Der Nachteil: Es besteht keinerlei Bindung des Leihpersonals an dein Unternehmen. Dieser Nachteil kann sich allerdings je nach Situation auch als Vorteil erweisen, daher solltest du abwägen, was du brauchst und möchtest.

Die Personalvermittlung hat es sich hingegen, wie der Name bereits verrät, zur Aufgabe gemacht, geeignetes Personal für entsprechende Gebühren an dich zu vermitteln.

Beide Rekrutierungsmethoden sind eher im kostenintensiven Bereich anzusiedeln.

Die Kosten, die für die Einstellung von nur einem Angestellten entstehen, sind messbar. Man spricht hier vom sogenannten „Cost per hire" oder kurz CPH, das heißt von den Kosten, die eine Anstellung tatsächlich verursacht.

Wenn wir uns das Ganze etwas genauer anschauen, stellen wir schnell fest: Die CPH sind im Bereich des Social-Media-Recruitings um einiges niedriger als über Headhunter oder Personalvermittlungsfirmen. So suchte vor nicht allzu langer Zeit ein junges Start-up-Unternehmen, das in der Holzhausbau-Branche angesiedelt ist, nach neuen Arbeitskräften. Gemeinsam brachten wir innerhalb von zwei Monaten elf Einstellungen zuwege. Die Investition pro Einstellung (also die CPH) lag hier in einem dreistelligen Bereich – sprich bei unter 1.000 Euro! Ein Gastronom, der mit unserer Unterstützung neue Mitarbeiter suchte, kam zu einem ähnlich positiven Ergebnis: Über unsere Social-Media-Kampagne konnte er 25 Einstellungen erzielen, und das zu einem Preis, der sich im unteren dreistelligen Eurobereich bewegte!

Du siehst: Selbst, wenn dein Budget für die Personalsuche kleiner sein mag als jenes eines Konzerns, bedeutet das noch lange nicht, dass du bei der Personalrekrutierung Abstriche machen musst!

Auf welcher Plattform finde ich die passenden Bewerberinnen für meine Vakanz?

Facebook

Hier finden sich besonders Personen der Generation X und Y sowie Babyboomer. Das heißt, die meisten dieser Menschen haben eine abgeschlossene Ausbildung und konnten bereits reichlich Berufserfahrung sammeln. Du findest auf Facebook demnach vor allem ausgelernte Fachkräfte, aber auch Quereinsteiger von etwa 26 Jahren aufwärts.

Instagram

Dieses bildlastige Medium ist bei Personen bis ca. 25 Jahre überdurchschnittlich beliebt. Viele User befinden sich mitten in ihrer Ausbildung und sind die Arbeitskräfte von morgen.

TikTok

Hier findest du die Azubis der Gegenwart, aber auch die besten Köpfe der Zukunft. Da sich vor allem die Generationen Z und Alpha hier tummeln, muss dein Content entsprechend angepasst sein.

Laut einer Studie verbringen die Menschen rund 24 Stunden pro Monat auf diesem Kanal. Es wird also jede Menge Content konsumiert - die Plattform bindet ihre Mitglieder regelrecht an sich. TikTok hat jedoch den Nachteil, dass die Suche nach Fachkräften im engeren geografischen Radius technisch (noch) nicht möglich ist.

LinkedIn/XING

Hier wirst du fündig, wenn du nach Menschen der Generationen Y und Z, aber auch nach jungen, hochqualifizierten Studenten Ausschau hältst. Diese sozialen Plattformen dienen vorrangig der Suche nach sogenannten „Senior-Mitarbeitern", also Personen mit guter Ausbildung und Berufserfahrung. Dennoch nutzen immer mehr sehr junge und ehrgeizige Menschen gerade **LinkedIn**, um ihre Karriere schneller voranzutreiben.

XING ist vor allem in der Region Deutschland und Österreich, LinkedIn hingegen im gesamten DACH-Raum sowie international etabliert.

Plattform			
Facebook	X		
Instagram		X	
Tiktok		X	X
Linkedin	X	X	
Xing	X	X	

DAVID BALDACCI
Die Bibel
HILARY MANTEL
BRÜDER
CAROLA STERN

FAZIT

Wenn du weißt, wo im Netz du deine Zielgruppe findest, sowie die Vor- und Nachteile der einzelnen Plattformen kennst, hast du ein mächtiges Tool in der Hand, das dich bei der Suche nach deinen Toptalenten unterstützt.

FACEBOOK
TIKTOK

Social-Media-Recruiting – Praxis

Teil 3: Wie kann ich Social-Media-Recruiting in meinem Unternehmen anwenden?

So hat alles begonnen:

2000er-Jahre:

2002: LinkedIn wird gegründet mit dem Ziel, Menschen beruflich zu vernetzen.

2004: Facebook wird gegründet – zu Beginn als Netzwerkplattform für College-Studenten.

2006: Twitter wird gegründet und etabliert sich mit Kurznachrichten auf dem Markt.

2010er-Jahre:

2010: LinkedIn führt eine Funktion für Stellenanzeigen ein und etabliert sich als wichtige Plattform für Social-Media-Recruiting.

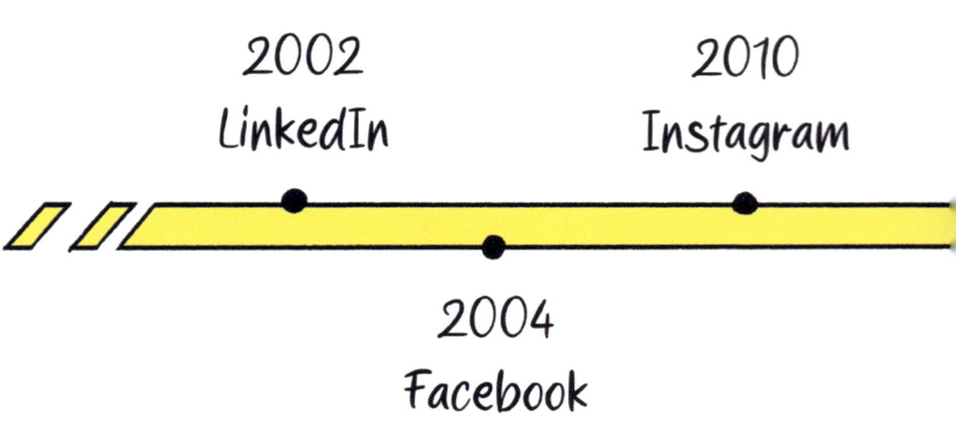

2011: Instagram bekommt seine erste Finanzierung von 500.000 US-Dollar.

2012: Facebook führt eine eigene Stellenanzeigenfunktion ein. Nun können Unternehmen kostenlos Stellenanzeigen veröffentlichen.

2013: Instagram startet seine ersten Werbeanzeigen auf der Plattform und öffnet damit ebenfalls die Tür zum Advertising.

2014: Snapchat wird gegründet und ist für jüngere Zielgruppen sehr interessant.

2016: LinkedIn wird von Microsoft übernommen.

2017: Adstark bekommt ein Rebranding und etabliert sich als Social-Advertising-Agentur.

2018: Facebook bekommt ein neues Design und der News-Feed wird familienfreundlicher.

2019: LinkedIn veröffentlich „LinkedIn Live" und erreicht damit weltweit 660 Millionen Mitglieder.

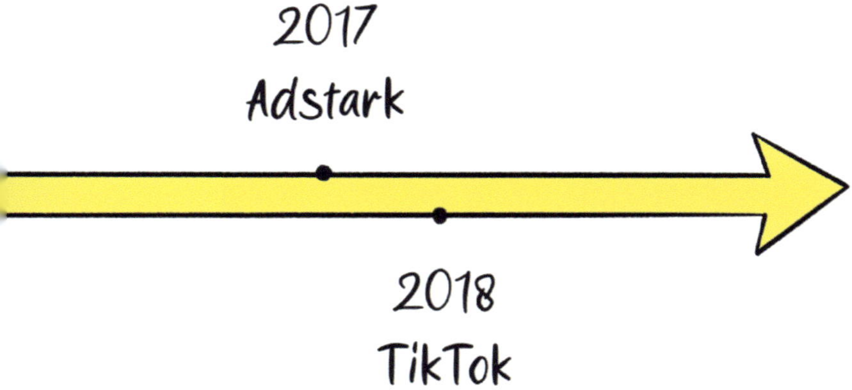

2020er-Jahre:

2020: Adstark veröffentlicht die innovative Adstark Recruiting-Methode und verändert damit drastisch den Fokus der Talentsuche.

2021: Apple führt die „App-Tracking-Transparenz" ein und macht es für die sozialen Kanäle schwieriger, Daten über mehrere Apps zu sammeln.

2022: Twitter wird von Elon Musk für 44 Milliarden Dollar übernommen.

2023: Ruslan Ilyassov, Gründer von Adstark, veröffentlicht die Erstauflage von „Social-Media-Recruiting ist die Zukunft!".

Blick in die Zukunft:

2024: Die Bedeutung von Social-Media-Recruiting nimmt weiter zu.

2025: Es fehlen bis zu 2,9 Millionen Arbeitskräfte. Adstark optimiert Kampagnen weltweit, um Topfachkräfte für die DACH-Region zu sichern.[5]

---

5 Quelle: https://www.vbw-bayern.de/Redaktion/Frei-zugaengliche-Medien/Abteilungen-GS/Sozialpolitik/2019/Downloads/20190221_Arbeitslandschaft-2025_final.docx.pdf

Für wen ist Social-Media-Recruiting besonders sinnvoll?

Social-Media-Recruiting ist aus meiner Sicht immer sinnvoll – aber sobald du als Unternehmen die Generationen Z und Alpha erreichen möchtest, lege ich es dir besonders ans Herz. Denn anders wird es in Zukunft kaum noch möglich sein, mit jungen potenziellen Arbeitskräften in Kontakt zu kommen.

Social-Media-Recruiting kann dir ebenfalls enorm nützlich sein, wenn du kurzfristig Personal brauchst, die klassischen Medien aber nicht ausreichend Kandidaten ansprechen.

Dabei genügt es jedoch nicht, einfach einen x-beliebigen Beitrag zu posten und auf Bewerber zu hoffen. Vielmehr solltest du gezielt vorgehen und ernsthaft die Methode nutzen, die ich dir im Rahmen dieses Buches an die Hand gebe. Dein Ziel muss es sein, dir langfristig eine Zielgruppe aufzubauen, um ein skalierbares Wachstum zu erreichen. Social Media können dir sowohl beim Aufbau des Wachstums als auch bei dessen anschließendem Ausbau behilflich sein. Besonders Social-Media-Recruiting ist eine kosteneffiziente Methode, die es dir erlaubt, eine zukunftsfitte Arbeitgebermarke aufzubauen.

Das heißt: Wenn du deine Zielgruppe kennst und diese gezielt ansprechen möchtest, dann hilft es dir wenig bis gar nichts, wenn du beispielsweise um viel Geld Zeitungsannoncen platzierst, die dann nicht von den Menschen gelesen werden, die du ansprechen möchtest. Daher suche besser gezielt nach deinen Topkandidaten via Social-Media-Recruiting und hole die Interessenten dort ab, wo sie wirklich zu finden sind. Zudem ermöglicht dir Social-Media-Recruiting, permanent und kosteneffizient von deiner Zielgruppe gesehen zu werden, sodass deine Arbeitgebermarke im Laufe der Zeit immer bekannter und noch besser wahrgenommen wird.

Wie können wir unsere Arbeitgebermarke durch Social-Media-Recruiting verbessern?

Natürlich kannst du mithilfe einer guten Social-Media-Recruiting-Kampagne deine Zielgruppe in den sozialen Medien schnell und einfach erreichen. Dennoch solltest du keinesfalls die Wichtigkeit einer langfristigen und stabilen Online-Präsenz unterschätzen. Gerade, wenn es um den Aufbau einer starken Arbeitgebermarke geht, ist es ausschlaggebend, eine organische Reichweite auf den sozialen Kanälen zu generieren. Die unbestrittene Tatsache, dass der Aufbau einer guten und großen Online-Community einiges an Zeit und Ressourcen verschlingt, führt zu der Frage: Kann man diese Aufgabe inhouse erledigen und stellt man dafür möglicherweise eine neue Person ein – oder lagert man diese Tätigkeit im besten Falle aus?

Der Begriff „inhouse" bezieht sich auf Aufgaben, die innerhalb der eigenen Organisation oder des eigenen Unternehmens stattfinden bzw. durchgeführt werden. Im Gegensatz dazu werden durch das sogenannte „Outsourcing" bestimmte Aufgaben von externen Dritten erledigt.

Wie auch immer du dich entscheidest, lass mich dir hier die Top-5-To-dos für eine starke Arbeitgebermarke durch Social-Media-Recruiting geben:

1. Aktive Präsenz:

Regelmäßigkeit ist das A und O auf den sozialen Kanälen, denn nur auf diese Weise bringst du den Algorithmus dazu, für dich zu arbeiten. Überlege daher, wie du ansprechenden Content für deine User erstellen kannst. Besonders beliebt sind spannende Insights, also Einblicke hinter die Kulissen des Unternehmens. Keine Sorge – du musst dafür keine streng geheimen Unterlagen leaken! Du kannst einfache Alltagssituationen auf Video einfangen und so dein Unternehmen für Außenstehende greifbarer machen. Daraus kannst du dann kurzerhand ansprechenden Content kreieren. Egal, wie du es machst – sei kreativ und überlege nicht zu lange. Es muss nicht immer das perfekte Foto oder Video sein! Stärke lieber deine Arbeitgebermarke und erwecke einen positiven Eindruck bei deinem Online-Gegenüber.

„Insights" ist ein Begriff, der im Zusammenhang mit Informationen, Erkenntnissen und tieferen Verständnissen verwendet wird, die aus Daten, Analysen oder Erfahrungen gewonnen werden.

Von „Leaken" spricht man im Internetjargon immer dann, wenn vertrauliche oder geheime Informationen, Daten, Dokumente oder Medieninhalte versehentlich oder absichtlich in die Öffentlichkeit gelangen.

2. Authentizität:

Wie bei fast allem rate ich dir auch hierbei, möglichst authentisch zu sein! Zeige ehrliche Momente und lass deine Follower durch Fotos oder Videos an deinem Firmenalltag teilhaben. Authentizität schafft Vertrauen!

3. Engagement mit deiner Zielgruppe:

Die Social Media bieten nahezu unbegrenzte Möglichkeiten, mit deiner Zielgruppe in einen direkten Austausch zu treten. Du kannst Storys kreieren und offen mit deinen Usern kommunizieren, aber auch Postings und Bilder einstellen. Eine beliebte Methode, um die Meinung deiner Community einzuholen, sind Umfragen, die du rasch und unkompliziert veröffentlichen kannst.

!

Community: Online-Communitys existieren in virtuellen Räumen, oft in sozialen Medien oder Foren, wo Menschen mit gemeinsamen Interessen oder Hobbys zusammenkommen, unabhängig von ihrer geografischen Lage.

Wie wäre es zum Beispiel mit einer Online-Umfrage auf einem sozialen Kanal deiner Wahl zum nächsten Firmen-Benefit? Vielleicht stellst du drei Optionen zur Auswahl und fragst deine Follower, was davon für sie am attraktivsten wäre. Lass deine Community entscheiden und zeige, dass du in deinem Unternehmen offen und ehrlich kommunizierst.

4. Zielgruppenansprache:

Wenn du weißt, was deine Zielgruppe liest, likt und kommentiert, kannst du langfristig mit deiner Community interagieren. Du wirst dabei mit Menschen in Kontakt treten, die du gut erreichen und analysieren kannst. Besonders im Hinblick auf eine nachhaltige Positionierung deines Unternehmens spielt dieser Faktor eine große Rolle.

5. Firmenbotschafter:

Weißt du, wer deine besten Testimonials sind? Nicht etwa teuer zugekaufte Influencer, Schauspieler oder Models – sondern deine eigenen Mitarbeiter! Es gibt keine bessere Botschaft nach außen, als wenn Mitarbeiter zeigen, dass sie gerne bei dir arbeiten, und dein Unternehmen aus eigener Motivation heraus aktiv bewerben. Du kannst deine Mitarbeiter auch gezielt als Testimonials einsetzen, indem du zum Beispiel einmal in der Woche einen von ihnen um eine kurze Stellungnahme bittest. Frage ihn, warum er gerne bei dir arbeitet, was er genau macht und welche Benefits er genießt. Wenn deine Mitarbeiter Storys und Beiträge über das Unternehmen teilen, dann ist dies ein großes Plus. Es zeigt, dass diese Menschen sich mit deinem Unternehmen identifizieren und gerne für dich (oder euch) arbeiten.

Testimonials sind schriftliche oder mündliche Aussagen von Personen, die ihre positiven Erfahrungen, Meinungen oder Empfehlungen über ein bestimmtes Produkt, eine Dienstleistung, eine Marke oder eine Person teilen. Auch die Personen selbst, die diese Aussagen machen, nennt man „Testimonials".

Wie präsentieren wir unser Unternehmen als coole Firma?

Social Media sind für viele Unternehmen noch ein großes unbekanntes Feld, mit dem etliche Fragen und Unsicherheiten einhergehen. Eine Frage, die meinem Team und mir dabei häufig gestellt wird, ist folgende: „Wie kann ich mein Unternehmen so positionieren, dass die User es als cool und angesagt wahrnehmen?"

Die im Folgenden aufgelisteten fünf Punkte sind meiner Meinung nach unerlässlich, wenn du darauf hinarbeitest, eine coole und nachhaltig positionierte Unternehmensmarke aufzubauen.

Sei innovativ!

Innovation treibt uns alle an. Sei mutig und zeige, wohin die Reise deines Unternehmens in Zukunft gehen soll.

Bäcker Müller hat vor 20 Jahren eine Bäckerei mit Verkauf eröffnet. Er bäckt alle Waren frisch vor Ort und verkauft sie in seinem Laden. Für die Finanzierung seines Traumes musste er einen hohen Kredit aufnehmen, den er 15 Jahre lang jeden Monat abbezahlt. Als der Kredit endlich getilgt ist, freut sich der Bäcker über den zusätzlichen Gewinn, der ab nun in seiner Tasche bleibt.

Doch kurz nachdem er endlich schuldenfrei ist, passiert es, und Bäcker Müller traut seinen Augen nicht: Schräg gegenüber von seinem Laden eröffnet ein Konkurrent ein brandneues Geschäft! Bäcker Meier gehört zu einer Franchisekette; er bäckt zwar nicht selbst, verkauft dafür aber hippe neue Brotsorten in seinem topmodernen Laden. Alle Kunden strömen nun in die neue Bäckerei! Unser Bäcker ist am Verzweifeln. Wie konnte das passieren?

Nun, während Bäcker Müller sich 15 Jahre lang nur darauf konzentriert hat, seine Hypothek abzuzahlen, ist bei ihm die Innovation auf der Strecke geblieben. Er hat nichts in sein Unternehmen investiert, und so hat es imagemäßig nach und nach Staub angesetzt. Dafür zieht nun das neue, innovative Unternehmen von gegenüber die Kundschaft und die Toptalente nahezu magisch an.

Schlussfolgerung: Die permanente Weiterentwicklung des eigenen Unternehmens bietet nicht nur einen Wettbewerbsvorteil, sondern ist tatsächlich unerlässlich, um nicht auf der Strecke zu bleiben.

Zeig deine Visionen und erzähle von deiner Mission!

Früher war es absolut unüblich, als Unternehmen klar und deutlich seine Visionen und seine Mission nach außen zu kommunizieren. Heute kommst du, wenn du dich als Unternehmen zukunftssicher positionieren möchtest, daran kaum mehr vorbei. Durch deine Visionen und deine Mission kannst du junge Menschen auf dein Business neugierig machen und sie langfristig von dir überzeugen. Also, zeig deine Visionen! Daraus ergibt sich schlussendlich auch eine klare Mission, an der deine Mitarbeiterinnen tagtäglich arbeiten, damit die großen Visionen am Ende zur Realität werden.

Deine Unternehmenswerte sind die Säulen deines Erfolges.

Wie du bereits erfahren hast, stellen die Generationen Z und Alpha nicht mehr alle ihre Bedürfnisse hinter der Arbeit an. Diese Generationen möchten arbeiten, um etwas zu erschaffen. Und sie möchten für Unternehmen arbeiten, die Sinn stiften, anstatt nur Geld anzuhäufen. Unternehmenswerte kommunizieren die Werte, nach denen wir leben und arbeiten, offen und transparent nach außen. Es ist wichtig, dass deine Mitarbeiter die Unternehmenswerte kennen und sich mit ihnen identifizieren. Nur so werden sie gemeinsam mit dir an einem Strang ziehen und für den Erfolg arbeiten.

Sei mutig!

Mut ist das A und O für ein erfolgreiches Unternehmen. Mut bedeutet, deine Visionen und deine Mission, aber auch deine Werte und Einstellungen offen mit anderen zu teilen. Denn genau das macht dich einzigartig! Schau dir am besten die Accounts von großen Unternehmen an. Nicht nur zeigen sie sich sehr offen, oftmals beweisen sie auch, dass sie bereit sind, sich selbst nicht ganz so ernst zu nehmen. Das kann sogar zu kleinen Battles auf den Social Media führen.

Die Chips-Marke „Funny frisch" zum Beispiel kommentierte online einen Post der Deutschen Bahn, als diese wieder einmal eine Verspätung ankündigte, mit den Worten: „Lache gleich, der Witz hat Verspätung!" Doch die Deutsche Bahn ließ dies nicht auf sich sitzen und konterte: „Hmm, weder sonderlich funny noch frisch, der Witz …"

Schließlich stieg ein weiterer Nutzer in diesen Battle ein und kommentierte: „Der ist gut, hat aber noch Luft nach oben ;-)"

Daraufhin konterte die Deutsche Bahn mit: „Viel Luft nach oben? Das ist doch in Chipstüten immer so!"

Solche Battles zwischen Konzernen führen dazu, dass die jeweilige Community nicht nur etwas zum Lachen hat; gleichzeitig sorgen sie für einen regelrechten Boost in der Sichtbarkeit beider Unternehmen und fördern die emotionale Bindung der Menschen an die Marken.

Also: Hab Mut und probiere Neues aus!

Bau dir eine große Sichtbarkeit auf!

Natürlich kann man als Business auch ohne Sichtbarkeit wachsen. Zum Beispiel, wenn man eine Monopolstellung in einer bestimmten Produktgruppe innehat. Die Sichtbarkeit kommt dann quasi ganz von allein. Sofern das bei dir nicht der Fall ist, rate ich dir: Arbeite an deiner Sichtbarkeit, denn sie spielt eine große Rolle!

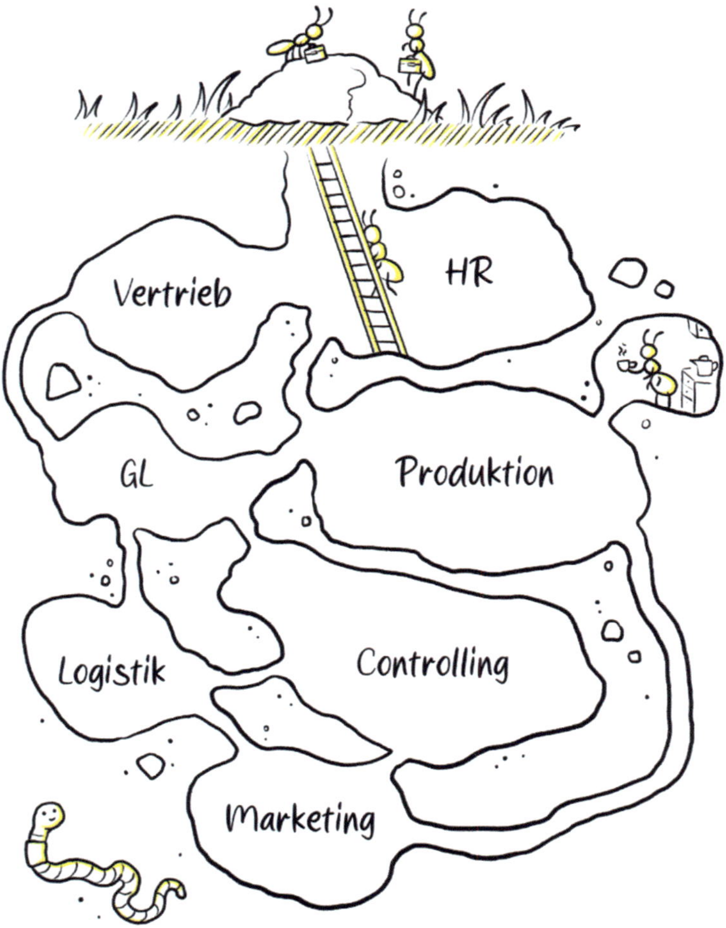

Kann Social-Media-Recruiting für mein Unternehmen einen Wettbewerbsvorteil schaffen?

Social-Media-Recruiting kann dir tatsächlich einen erheblichen Wettbewerbsvorteil gegenüber deiner Branchenkonkurrenz verschaffen!

Wie das funktioniert? Nun, Social-Media-Recruiting in Kombination mit Werbeanzeigen führt zu einem permanenten Aufbau von Reichweite deiner Arbeitgebermarke. Dadurch machst du dein Unternehmen strategisch sichtbar und regional (wenn nicht sogar überregional oder auch international) bekannt. Beachte aber: Je größer der Radius ist, innerhalb dessen du sichtbar werden möchtest, desto höher muss auch dein Werbebudget sein!

Verschaffe dir also einen Wettbewerbsvorteil, indem du deine Arbeitgebermarke sichtbar positionierst, während die Branchenkonkurrenz Social-Media-Recruiting möglicherweise noch gar nicht für sich nutzt. Je sichtbarer du dein eigenes Business positionieren kannst, umso (relativ) unsichtbarer wird dein Wettbewerb. Somit baust du dir einen nicht zu unterschätzenden Vorsprung bei der Anwerbung von Toptalenten auf, der sich langfristig gleichermaßen auf deine Kundengewinnung übertragen wird.

Einer unserer Kunden bei Adstark, der sich als Tischlerunternehmen auf hochwertige Küchen spezialisiert hat, schaltete gemeinsam mit uns eine Kampagne zur Gewinnung von qualifizierten Tischlern. Im Endeffekt kam es zu drei Einstellungen und der Kunde war zufrieden.

Gleichzeitig passierte jedoch etwas Unerwartetes: Durch die von uns erstellte Recruiting-Werbung war das Tischlerunternehmen auf verschiedenen Plattformen sichtbar.

Ein User wurde auf das Unternehmen aufmerksam und kontaktierte es – jedoch nicht etwa, um sich zu bewerben. Der Mann besaß eine Finca in Spanien und suchte jemanden, der ihm dort eine hochwertige Küche einbauen sollte. Tatsächlich kamen die beiden ins Geschäft: Der Kunde erhielt seine maßgeschneiderte Premiumküche und der Tischler generierte eine fünfstellige Summe für diesen Auftrag. Das Geld für die Werbekampagne hat der Tischler so um ein Vielfaches zurückbekommen.

Natürlich sind solche Beispiele nicht die Regel. Aber ich möchte dir damit zeigen, was durch eine klug angelegte Social-Media-Recruiting-Kampagne alles möglich sein kann. Lass dir diese Chance daher nicht entgehen. Werde zum Platzhirsch in deinem Markt und sorge dafür, dass die Toptalente und Aufträge nicht bei deinen Konkurrenten landen! Nur um es noch einmal gesagt zu haben: Eine permanente Weiterentwicklung ist nicht optional, sondern ein enormer Wettbewerbsvorteil, den es zu nutzen gilt!

Wie gehe ich mit negativen Kommentaren in den Social Media um?

Social Media – schön und gut. Dennoch fürchten sich viele Unternehmen davor, dass sie negative Kommentare bekommen könnten oder gar ein Shitstorm über sie hinwegzieht. Und ja, ich will es gar nicht bestreiten – natürlich gibt es auch dieses Risiko. Es reduziert sich allerdings drastisch, wenn du die beiden folgenden Punkte berücksichtigst:

- **Schnelle Reaktionszeit**

Wenn du auf Beschwerden und Kommentare zeitnah reagierst, wirst du viele Missverständnisse und kleinere Ärgernisse leicht aus der Welt schaffen können. Freundliches Social-Media-Management macht's möglich!

- **Den Grund für das negative Feedback herausfinden**

... und adäquat darauf eingehen. Wenn sich die Bewerber und ehemaligen Mitarbeiter abgeholt und verstanden fühlen, werden Diskussionen nicht ausarten. Unzufriedene Mitarbeiter kann und wird es immer geben. Die richtige und vor allem schnelle Reaktion kann dein ohnehin gutes Image sogar noch aufpolieren, weil es zeigt, dass deinem Unternehmen seine Mitarbeiterinnen und deren Feedback wichtig sind. So bekommst du eher Fans als Feinde und sorgst dafür, dass in Zukunft weniger negative Kommentare geschrieben werden.

Bei manchen sehr großen Unternehmen, mit denen wir zusammenarbeiten, um ihre Arbeitgebermarke zu stärken, kommt es besonders am Anfang zu etlichen negativen Kommentaren. Doch in der Regel sinkt die Anzahl der Negativstimmen als Folge einer kontinuierlichen und positiven Kommunikation der Marken- und Unternehmenswerte nachhaltig. Nur zu deiner Beruhigung: Das passiert wirklich nur bei großen Unternehmen, die bekannt sind und bisher auf Social Media nicht aktiv waren. Wenn diese Unternehmen aktiv werden, sehen dies Menschen, die aus verschiedenen Gründen ihren Frust rauslassen möchten. Kleine bis Mittelstandsunternehmen brauchen sich in der Regel absolut keine Gedanken dazu machen!

!

„Shitstorm" beschreibt eine Form der öffentlichen Empörung oder massiven Kritik, die über die sozialen Medien und das Internet im Allgemeinen verbreitet wird.

„Wir nerven die User mit unserem Content und ernten im schlimmsten Fall negative Kommentare!"

Viele Unternehmen beschäftigt, bevor sie eine Kampagne starten, die Angst vor negativen Kommentaren. Geht es dir vielleicht genauso? Durch einen Social-Media-Auftritt wird man sichtbar und somit auch angreifbar. So weit, so klar. Aber was ist schlimmer? Jemand, der immer nur hinter deinem Rücken schlecht über dich spricht, oder jemand, der dir die Kritik offen ins Gesicht sagt? Ich sehe es so: Die konstruktive Nutzung von Social Media bietet dir die Chance, offen und transparent auf die Kritik von Usern zu reagieren. Und sollte mal wirklich ein Kommentar unter die Gürtellinie gehen, ist dieser mit nur einem Klick verborgen. Außerdem selektieren wir im besten Fall die Zielgruppe unserer Social-Media-Kampagne. Daher rate ich dir: Hab keine Angst vor negativen Kommentaren! Menschen, die deine Arbeitgebermarke positiv bewerten und sich mit ihr identifizieren, bleiben bei dir und lassen sich durch vereinzelte negative Kommentare nicht abschrecken!

Welche Social-Media-Kanäle passen zu meinem Unternehmen?

Um herauszufinden, auf welchen sozialen Kanälen du mit deinem Unternehmen präsent sein solltest, musst du dich zunächst fragen, wer deine Zielgruppe ist.

Nur wenn du weißt, aus welchen Menschen genau sich deine Zielgruppe zusammensetzt, kannst du dir überlegen, wo du mit ihnen am einfachsten in Kontakt treten kannst. Ist dein Unternehmen zum Beispiel international tätig, wirst du möglicherweise überwiegend auf LinkedIn unterwegs sein. Handelt es sich bei deinem Business hingegen um ein lokales Handwerksunternehmen, das vorrangig junge Menschen zur Ausbildung sucht, rate ich dir zu Instagram und TikTok. Der passende Kanal für dein Unternehmen richtet sich also sehr stark nach den Mitarbeiterinnen, die du finden möchtest.

Als Nächstes gehst du einen Schritt weiter und überlegst dir, wie präsent du auf den von dir ausgewählten Plattformen sein kannst und möchtest. Du fragst dich jetzt vielleicht, wie viel Präsenz überhaupt notwendig ist, um erfolgreich die Toptalente der Zukunft zu finden. Nun, die ständige Präsenz auf diesen Plattformen ist eigentlich zweitrangig – das Geheimnis des Erfolges steckt vielmehr in der Kontinuität.

Warum? Ganz einfach: Der Algorithmus liebt Kontinuität! Je besser deine Beiträge aufgebaut sind und je stärker dein Content die Leserinnen interessiert, desto eher wird deine Seite durch den Algorithmus gepusht. Poste daher lieber nur einmal in der Woche einen qualitativ hochwertigen Content, als täglich irgendetwas ohne Mehrwert für deine Community online zu stellen.

Im Übrigen rate ich immer dazu, unterschiedliche Veröffentlichungsformate auszutesten.

Publiziere zum Beispiel ruhig auch einmal spontan Content in Form von Storys, um zu zeigen, wie in deinem Unternehmen gearbeitet wird. Die Menschen lieben es, einen Blick hinter den Vorhang zu erhaschen. Dazu musst du dich nicht lange vorbereiten, und das Format des Videos wirkt gleichzeitig vor allem auf die jüngeren User sehr ansprechend.

Und noch ein Tipp: Sei überall präsent – aber nicht zwingend aktiv! Lege dir Accounts auf verschiedenen Plattformen an, pflege die Informationen über dein Business auf diesen ein und halte sie aktuell. Das ist für deine Sichtbarkeit besonders wichtig. Im besten Fall setzt du auf jedem Kanal sogenannte Backlinks, also Verlinkungen, die direkt zu deiner Firmenwebseite führen. Halte die Informationen auch dort – genau wie auf deinen Social-Media-Konten – stets brandaktuell! So können Interessentinnen schnell und einfach mit deinem Unternehmen in Kontakt kommen, ohne dass du den Account selbst großartig bespielen musst.

Auf Twitter ist dies für viele Unternehmen beispielsweise bereits gang und gäbe: Man hat ein Profil, pflegt es nur mit relevanten Unternehmensinformationen und Daten und sorgt so für zusätzlichen Traffic auf der eigenen Homepage.

Kurz zusammengefasst: Lege den Fokus deiner Aktivitäten auf jene Plattformen, die von deiner Zielgruppe vorrangig genutzt werden. Füttere diese Plattformen ordentlich und versorge die anderen lediglich mit den notwendigsten Informationen, um sichtbar zu sein.

Der Begriff „Traffic" bezieht sich auf die Menge an Daten, die zwischen einem Server und den Benutzern im Internet hin und her fließen.

Welche Fehler bezüglich Social-Media-Recruiting sollten wir vermeiden?

Einer der großen Vorteile bei der Arbeit mit Social Media ist die Messbarkeit der Ergebnisse. Fast alles kann in den sozialen Kanälen nicht nur gemessen, sondern auch nachvollzogen werden. Dies ist ein massiver Vorteil gegenüber klassischen Medien wie etwa Zeitungen.

Die Resultate, die du über Social-Media-Recruiting erzielst, werden sofort sichtbar. Du kannst auf einen Blick klar erkennen, wie die Community deine Kampagnen bewertet und ob sie überhaupt darauf anspringt. So erhältst du quasi ein Feedback in Echtzeit und kannst ebenso schnell darauf reagieren.

Achtung: Oft passiert dabei jedoch schon der erste Fehler. Ich habe die Erfahrung gemacht, dass in vielen Unternehmen die Geschäftsleitung ohne vorherige Rücksprache mit einer Expertin kurzweg die Entscheidung trifft, ab sofort auf Social-Media-Recruiting zu setzen. Dann wird ohne Plan oder Strategie wild drauflosgepostet. Solch ein unüberlegter Aktionismus aus einer spontanen Idee heraus führt allerdings oftmals zu schlechten Erfahrungen. Das Feedback der Community lässt zu wünschen übrig und man verliert den Mut. Doch nicht die Methode an sich ist schuld an allfälligen negativen Feedbacks, sondern lediglich eine schlecht geplante Strategie. Sollte es also nicht sofort klappen, wirf nicht die Flinte ins Korn, sondern lies weiter und erstelle einen soliden Plan, bevor du loslegst!

Damit dir eine solche unangenehme Erfahrung erspart bleibt, habe ich im Folgenden für dich drei absolute No-Gos für Social-Media-Recruiting-Kampagnen gesammelt. Frei nach dem Motto: Don’t try this at home!

Lange Reaktionszeiten

Social-Media-Recruiting ermöglicht es den Usern, sich an smarten und interaktiven Bewerbungsprozessen zu beteiligen. Die Prozesse sind schnell und intuitiv. Innerhalb weniger Klicks können sich Interessenten von überall aus für eine offene Stelle in deiner Firma bewerben. Klingt cool, oder? Ist es auch! Aber weißt du, was in diesem Zusammenhang gar nicht cool ist? Wenn eine Bewerberin danach ewig lange auf eine Reaktion deines Unternehmens warten muss. Sie hat Interesse an der vakanten Stelle gezeigt und möchte offensichtlich mehr über dein Team und eure Mission erfahren. Wenn du nun aber eine oder zwei Wochen bis zu einer Antwort verstreichen lässt, hat sie ihre Bewerbung eventuell schon wieder vergessen und sich möglicherweise inzwischen anderweitig umgesehen.

Das absolute Muss ist eine Reaktion innerhalb der ersten 24 Stunden!

Vorzugsweise fragst du aktiv bei der Bewerberin nach, wann und wie du sie am besten erreichen kannst, und greifst dann entsprechend diesen Angaben zur gewünschten Zeit zum Hörer – auch wenn das vielleicht erst spät am Abend ist. „Wieso zum Hörer?", wirst du dich jetzt fragen. Darauf kommen wir in Kürze noch zu sprechen.

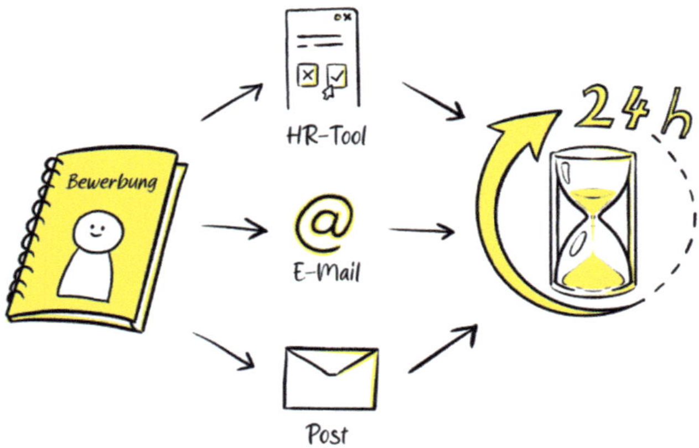

Falsche Gesprächsführung

Sobald du Social-Media-Recruiting anwendest, zeigst du der Welt da draußen dein innovatives und smartes Unternehmensgesicht. Aber soll ich dir sagen, was zu diesem Image gar nicht passt? Eine verstaubte Gesprächsführung!

Stell dir vor, Frau Mellmann hat sich soeben rasch und unkompliziert über eine Online-Kampagne bei dir beworben. Nun rufst du sie an und sagst: „Frau Mellmann, Sie scheinen gut zu uns zu passen. Doch eines fehlt noch: Können Sie uns bitte Ihren Lebenslauf schicken? Wir melden uns dann wieder bei Ihnen und vereinbaren einen Termin zum Kennenlernen."

Hierin liegt ein gravierender Fehler! Ich nenne das einen „Conversion-Killer".

Der Begriff „Conversion-Killer" wird im Online-Business verwendet, um Elemente oder Faktoren zu beschreiben, welche die Konversionsrate einer Webseite oder einer Online-Marketing-Kampagne negativ beeinflussen.

Die Konversionsrate ist das Verhältnis zwischen der Anzahl der Besucher einer Webseite oder einer Kampagne und der Anzahl derjenigen, die eine gewünschte Aktion ausführen, wie beispielsweise ein Formular ausfüllen, sich für einen Newsletter anmelden oder einen Kauf tätigen.

Was ist hier passiert? Frau Mellmann hat sich smart beworben und ist eventuell nur eine passiv Suchende.

Lebenslauf? Puh, den hat sie zuletzt vor ein paar Jahren bearbeitet und dann irgendwo abgespeichert!

Okay, unter der Woche hat sie keine Zeit, ihn zu suchen und upzudaten, also verschiebt Frau Mellmann die Angelegenheit aufs Wochenende. Doch leider findet sich auch am Wochenende dafür keine Gelegenheit – die Familienfeier und das herrliche Badewetter kommen dazwischen. Und schon sinkt die Wahrscheinlichkeit, dass Frau Mellmann dir jemals ihren Lebenslauf zukommen lassen wird, gegen null.

Probier es doch einmal so: „Frau Mellmann, Sie scheinen wie angegossen zu uns zu passen. Herzlichen Dank für Ihre Bewerbung, die sieht schon einmal großartig aus. Wir würden Sie gerne zu einem Kaffee einladen – ein paar Minuten, damit wir uns kennenlernen. Was sagen Sie dazu?"

Sofern Frau Mellmann auf den Zug aufspringt, vereinbare gleich einen zeitnahen Kennenlerntermin mit ihr und lade sie ins Unternehmen ein. Oder setz ein Onlinemeeting an und blocke dir rund 30 Minuten dafür, auch wenn 10 Minuten wahrscheinlich ausreichen werden – man weiß ja nie: Wenn das Gespräch gut läuft und länger als angenommen dauert, ist es beruhigend, einen ausreichenden Zeitpuffer eingebaut zu haben. Und wenn nicht, hast du anschließend noch Zeit für einen Kaffee mit dir allein.

Sobald du den Kennenlerntermin fixiert hast, frag zum Abschluss noch: „Frau Mellmann, im Übrigen … falls es sich bei Ihnen ausgeht, würde ich mich sehr freuen, wenn Sie Ihren Lebenslauf zu unserem Termin mitbringen. Dann können wir gemeinsam drüberschauen und uns noch besser kennenlernen."

Was ist hier anders gelaufen? Nun, zum einen freut sich Frau Mellmann über das rasche Feedback und den zeitnahen Termin. Außerdem fühlt sie sich abgeholt und bestätigt. Und mit hoher Wahrscheinlichkeit wird sie alles daransetzen, um ihren Lebenslauf herauszusuchen und zu aktualisieren.

Fehleinschätzung des Arbeitsmarktes

So hart es auch klingen mag - bitte häng nicht in der Vergangenheit fest! Falls du der Meinung sein solltest, dass wir gegenwärtig noch immer in einem Arbeitgebermarkt leben, dann liegst du damit leider falsch. Tatsache ist, wir befinden uns derzeit klar in einem Arbeitnehmermarkt (*siehe auch Teil 1 - Arbeitnehmermarkt*).

Früher war es so, dass die Arbeitnehmerinnen aktiv nach einem Job gesucht haben. Mittlerweile hat sich das Blatt jedoch gewendet. Nun sind wir, die Unternehmen und Arbeitgeberinnen, dazu angehalten, uns bei den Arbeitnehmern zu bewerben. Uns flattern nicht mehr, quasi wie durch Zauberhand, jede Woche Dutzende Bewerbungen ins Haus. Sobald du dir dessen bewusst bist, siehst du den Markt aus einer völlig anderen - und schlussendlich gewinnbringenderen! - Perspektive.

Sind professionelle Fotos und Videos für Social Media wichtig?

Sobald man einen Account auf einer Social-Media-Plattform anlegt, stellt sich die Frage, welche Qualität die Fotos und Videos haben sollen, die dort gepostet werden. Sprechen ausschließlich professionelle Fotos und Videos Menschen an? Oder geht es auch anders? Nun, es kommt ganz darauf an. Wenn dir die Möglichkeiten und ein entsprechendes Budget für eine professionelle Foto- oder Videokampagne zur Verfügung stehen, dann nutze sie ruhig.

Falls dir die notwendigen Mittel dafür fehlen – halb so schlimm, keine Panik! Social-Media-Kampagnen funktionieren beispielsweise auch mit Stockfotos, die zu einem leistbaren Preis erhältlich sind. Achte nur darauf, dass die Bildsprache und die Inhalte zu deiner Marke passen.

Was du nicht zwingend brauchst, sind professionelle Employer-Brand-Videos, auch „Imagevideos" genannt. Darunter versteht man Videos, die in wenigen Minuten oder Sekunden deine Unternehmensmarke vorstellen. Viele dieser Imagevideos kosten nicht nur eine Menge Geld, sondern funktionieren für die jeweilige Zielgruppe oft gar nicht so gut. Um deine Unternehmensmarke vorzustellen, reicht es daher in der Regel völlig aus, wenn du ein kurzes, aber authentisches Video mit einem echten Testimonial – vielleicht sogar aus deinem eigenen Unternehmen – drehst.

Ich erinnere mich beispielsweise an zwei sehr unterschiedliche Videos von Bauunternehmen. Gesucht wurden in beiden Fällen Baggerfahrer. Das eine Unternehmen veröffentlichte ein Kurzvideo, in dem ein Baggerfahrer gefragt wurde, warum dieser Job so toll sei. Leider wirkte dieser Fahrer sehr hölzern – eher wie ein Schauspieler –, sodass man ihm den Baggerfahrer beim besten Willen nicht abnahm. Dieses Video erzielte, wie du dir sicherlich denken kannst, nicht den gewünschten Effekt in der Zielgruppe. Das andere Unternehmen setzte auf ein nahezu identisches Video, jedoch mit einem gravierenden Unterschied: Hier wurde ein echter Arbeiter an einem ganz normalen Arbeitstag gefilmt. Nicht nur sprach dieser Fahrer damit genau die gewünschte Zielgruppe an, die Menschen konnten sich auch wesentlich besser mit ihm identifizieren.

Was sagt uns das? Es ist nicht zwingend notwendig, um viel Geld professionelle Videos oder Fotos produzieren zu lassen. Achte vielmehr darauf, deine Zielgruppe auch wirklich zu erreichen, und kommuniziere in deren Sprache!

Wie kann ich Künstliche Intelligenz (KI) bestmöglich zur Vorbereitung des Social-Media-Recruitings nutzen?

KI ist mittlerweile in aller Munde. Was vor relativ kurzer Zeit noch Stoff für Science-Fiction-Filme geliefert hat, wird nach und nach zu unser aller Realität. Doch auch wenn man als Laie das Gefühl hat, die KI wäre über Nacht erschienen, kann ich dir sagen: Schon seit Jahrzehnten wird an diesem großen Schritt der Digitalisierung geforscht, und in Wirklichkeit verwenden wir sie auch schon in vielen Bereichen. Denk nur mal an die automatisierten Chats auf vielen Webseiten, an dein Handy und an viele andere Dinge wie zum Beispiel Fotobearbeitungsprogramme.

Wir widmen uns auf diesen Seiten allerdings konkret dem Texten mithilfe von KI. Mit ziemlicher Sicherheit ist in dem Moment, in dem du dieses Buch in deinen Händen hältst, die KI bereits wieder ein gutes Stück weit fortgeschritten - die Entwicklungen vollziehen sich rasant. Ob es uns gefällt oder nicht: In Zukunft wird kein Weg an der Künstlichen Intelligenz vorbeiführen. Daher möchte ich dir schon heute ein paar Tipps an die Hand geben, mit deren Hilfe du diese Technologie in deinem Social-Media-Recruiting-Prozess nutzen kannst.

Folgende drei Bereiche kannst du gut mit der Unterstützung von KI aufpeppen:

„Über uns"-Text

Die meisten Texte, die du unter der Rubrik „Über uns" findest, sind für potenzielle neue Kunden geschrieben. Die wenigsten Unternehmen denken aber beim Erstellen daran, dass auch potenzielle künftige Mitarbeiter diese Absätze lesen und sich – im besten Fall – davon angesprochen fühlen sollten. Nun sind jedoch nicht alle von uns begnadete Schreiberlinge, die solche Texte ratzfatz aus dem Ärmel schütteln. Für den Großteil derjenigen, die sich damit auseinandersetzen müssen, ist das Schreiben mehr lästige Pflicht als Vergnügen.

Damit dir trotzdem ein ansprechender „Über uns"-Text gelingt, rate ich dir, auf die Unterstützung durch KI zu setzen. Wie? Ganz einfach: Fasse zunächst die Werte, die Mission und die Visionen deines Unternehmens zusammen. Dabei musst du weder besonders emotional schreiben noch auf das perfekte Wording achten. Füttere stattdessen mit diesem groben Textkonzept ein KI-Tool deiner Wahl und warte ab, was geschieht. In der Regel kannst du dieses KI-Tool nämlich ganz einfach um einen verbesserten, emotional geschriebenen Vorschlag für deinen Entwurf bitten. Lass dich überraschen, wie dir die KI hier unter die Arme greifen kann – oder nutze unser Online-Workbook als optimale Vorlage dazu!

Neue Stellenausschreibungen

Ich rate allen unseren Kunden immer dazu, sich von 08/15-Stellenausschreibungen zu verabschieden. Es ist wesentlich besser, für jede Stelle eine neue, angepasste Ausschreibung zu verfassen – immerhin sollen sich ja auch unterschiedliche Menschentypen davon angesprochen fühlen.

Da dies auf Dauer jedoch einiges an Arbeitsaufwand bedeutet, solltest du dir auch hier von der KI helfen lassen. Ähnlich wie bei deinem „Über uns"-Text kannst du das Tool deiner Wahl mit einem groben Entwurf füttern. Bitte dann die KI um Vorschläge zur Verbesserung und erhalte eine emotionalere, im Idealfall auch ansprechendere Ausschreibung – und das ganz ohne stundenlanges Kopfzerbrechen.

Ein kleiner Extratipp: Lass dir einen kurzen Text-Teaser zu deiner Ausschreibung verfassen. Diesen kannst du dann gut für soziale Plattformen wie Instagram und Co. verwenden.

!

Unter einem Teaser versteht man eine kurze, ansprechende Vorschau oder einen kleinen Ausschnitt, der verwendet wird, um die Neugier und das Interesse der Zielgruppe zu wecken und sie auf ein größeres Angebot oder Ereignis aufmerksam zu machen.

Kreative Werbeanzeigen

Auch in diesem Bereich kann KI wahre Wunder bewirken. Oft ist es so, dass uns die Ideen für kreative und neuartige Werbeanzeigen einfach ausgehen. Irgendwie hat man alles schon einmal gelesen, gehört oder gesehen. Damit du einen echten Hingucker gestalten kannst, bitte doch einmal die KI um Inspirationen. Wenn du dann eine richtig coole Anzeige erstellt hast, lass dir vielleicht auch noch einen ansprechenden Call-to-Action (CTA) vorschlagen, also eine kurze Handlungsaufforderung. Achte aber stets darauf, das Tool, mit dem du arbeitest, gut zu schulen. Nur wenn du die richtige Menge an Informationen einspeist, kann dir die KI die bestmöglichen Ergebnisse liefern.

Sollen wir uns um das Social-Media-Recruiting intern kümmern oder doch besser externe Unterstützung holen?

Ich möchte dir in diesem Buch nicht nur die spezielle Methode des Social-Media-Recruitings zeigen, die wir bei Adstark entwickelt haben, sondern dir gleichzeitig eine Art Blaupause an die Hand geben, damit du diese Art der Mitarbeitergewinnung auch in deinem Unternehmen umsetzen kannst.

Ungeachtet dessen will ich dir aber nicht einen Hinweis auf den Aufwand vorenthalten, den das Erstellen einer solchen Kampagne mit sich bringt. Das Lehrgeld, das ich damals als Unternehmer bei meinen ersten Versuchen mit solchen Kampagnen bezahlt habe, soll dir möglichst erspart bleiben.

Beginnen wir mit dem Wesentlichen: Zeit ist die wichtigste Ressource in deinem Business. Bedenke daher, dass das Erstellen und Pflegen einer guten Social-Media-Recruiting-Kampagne gute ein bis zwei volle Arbeitstage pro Woche in Anspruch nehmen kann.

Woran das liegt? Wenn du eine professionelle und ordentliche Kampagne haben möchtest, musst du auf verschiedenen Ebenen daran arbeiten: Zunächst musst du lernen, wie man Zielgruppen definiert. Außerdem ist es notwendig, Werbeanzeigen zu schalten, Werte zu kommunizieren, die richtigen User anzusprechen, Menschen zu erreichen und den Prozess als Ganzes im Auge zu behalten.

Wenn du alle diese Aufgaben direkt in deinem Unternehmen erledigen lassen und eine Arbeitskraft dafür abstellen kannst, dann leiste dir diesen wertvollen Lernprozess unbedingt!

Sollte dir selbst jedoch die Zeit dafür fehlen, um deine Kampagne gründlich und strukturiert umzusetzen, dann lege ich dir ans Herz, dieses Vorhaben outzusourcen, sprich auszulagern: Suche dir eine externe Expertin, die dir dabei hilft, deine Ziele zu erreichen!

Wie finden wir den richtigen Anbieter für unser Unternehmen?

Mittlerweile gibt es zahlreiche Anbieter auf dem Markt, die diesen Bereich abdecken. Jeder davon arbeitet ein bisschen unterschiedlich. Daher ist es deine Aufgabe, den für dich richtigen Experten zu finden, der deine Vorstellungen optimal umsetzen kann.

Du lernst hier gerade Schritt für Schritt, was für eine gute Social-Media-Recruiting-Kampagne vonnöten ist. Achte also bei der Auswahl eines Anbieters unbedingt auf diese Must-haves!

Ich möchte dir hier zusätzlich eine kurze Zusammenfassung geben, worauf du bei der Wahl eines externen Anbieters achten solltest:

Erfahrung

Ja, es stimmt tatsächlich: Erfahrung ist im Performance-Marketing das höchste Gut! Dafür gibt es keine Ausbildung, das kann niemand studieren. Die Sporen verdient man sich hier nur durch permanentes Tun. Und ja, man lernt auch durch die eigenen Fehler und wird durch ständige Kurskorrekturen einfach besser. Das heißt: Achte darauf, dass dein potenzieller Geschäftspartner ausreichend Erfahrung auf seinem Gebiet mitbringt!

Referenzen

Überprüfe genau, welche Referenzen jemand vorzuweisen hat, damit du nicht unnötig Lehrgeld bezahlst. Schließlich suchst du einen echten (!) Experten und keinen Möchtegern. Überzeuge dich vorab davon, dass der Anbieter deiner Wahl wirklich ein Profi ist und kein Blender. Oft kann es an der mangelnden Erfahrung eines Anbieters liegen, wenn etwas nicht wie gewünscht klappt - gerade, wenn jemand erst vor Kurzem das Feld des Social-Media-Recruitings für sich entdeckt hat.

Stell dich lieber darauf ein, einmal ordentlich Geld zu investieren und einen echten Spezialisten anzuheuern, um so auch die erhofften Erfolge verbuchen zu können. Hier gilt ganz klar das Sprichwort: Wer spart, zahlt am Ende doppelt!

Preistransparenz

Oh ja, hier geht es ans Eingemachte! Ich meine damit nicht, dass ein Unternehmen alle Preise öffentlich auf seiner Homepage angeführt haben muss. Vielmehr geht es darum, dass dir die Kosten für deine Social-Media-Recruiting-Kampagne im Vorfeld transparent kommuniziert werden. Das kann nach einem Erstgespräch geschehen oder im Zuge der Angebotslegung. Wichtig ist, dass von vornherein klar ersichtlich ist, wie viel du wofür bezahlst!

Handelt der Anbieter in deinem Interesse?

Die von dir beauftragte Agentur übernimmt die Entwicklung einer oder mehrerer Kampagnen vollständig in deinem Namen. Dabei steht deine Arbeitgebermarke im Vordergrund. Die Agentur sollte daher die Bedeutung deiner Arbeitgebermarke und die Notwendigkeit, sie in jeder Kampagne konsequent zu repräsentieren, verstehen.

Ziel sollte es sein, deine Unternehmenskultur, deine Werte und deine einzigartige Identität durch die Kampagnen zum Ausdruck zu bringen sowie potenzielle Mitarbeiter und Toptalente davon zu überzeugen, dass dein Unternehmen der ideale Arbeitgeber für sie ist.

Erfüllt ein Anbieter tatsächlich alle vier genannten Punkte zu deiner vollsten Zufriedenheit, sind die Chancen groß, dass eure Zusammenarbeit von Erfolg gekrönt ist. Mein Tipp: Sollte doch einmal etwas danebengehen, dann zieh bitte nicht gleich die gesamte Methode in Zweifel! Vielleicht war lediglich einer dieser vier Punkte nicht ganz so gut abgeklärt, wie du eigentlich gedacht hattest.

Wie hoch ist der Kostenunterschied zwischen einer Inhouse- und einer Outsource-Kampagne?

Vielleicht fragst du dich jetzt, wie groß der finanzielle Unterschied zwischen einer Kampagne, die du inhouse durchführen lässt, und einer outgesourcten Kampagne ist. In Wahrheit sind die Kosten für die beiden Vorgehensweisen nur schwer miteinander in Vergleich zu setzen.

Zunächst spielt es eine Rolle, wie viele Vakanzen es in deinem Unternehmen gibt, die über die sozialen Medien wieder besetzt werden soll. Des Weiteren hängen die Kosten einer guten Kampagne auch immer davon ab, was du dir selbst zutraust. Was alles kannst du selbst erledigen? Wofür brauchst du Unterstützung von außen beziehungsweise was musst du zukaufen?

Nehmen wir einmal an, du hast tatsächlich zwei Tage pro Woche Zeit, um deine Kampagne zu bespielen und an ihr zu feilen.

Berechne nun, was deine Arbeitszeit wert ist, und bedenke, wie viel dir die gleiche Zeitspanne einbringen könnte, wenn du sie für umsatzgenerierende Maßnahmen einsetzt – einerseits im Hinblick auf den Umsatz, andererseits aber auch in Bezug auf die Effektivität deiner Personaler, wenn sie die Möglichkeit haben, sich auf ihre Kernarbeit zu konzentrieren. Stell dir also selbst die Frage: „Profitiert das Unternehmen davon, wenn ich meine Zeit in die Erstellung einer Social-Media-Recruiting-Kampagne stecke, oder nicht?"

Anhand dieser einfachen Rechnung solltest du deine Entscheidung schlussendlich fällen.

Fazit

Du siehst, es gibt einerseits mehrere Möglichkeiten, sich für den Prozess des Social-Media-Recruitings externe Unterstützung zu suchen; andererseits kannst du aber auch vieles (oder möglicherweise sogar alles) selbst umsetzen – je nachdem, ob du lieber Zeit oder Geld investierst. Wie deine Entscheidung letztendlich ausfällt, kannst nur du selbst wissen. Wenn dir genügend Kapazitäten bezüglich Zeit und Manpower zur Verfügung stehen, spricht nichts dagegen, das Ganze selbst durchzuführen.

Darüber hinaus benötigst du umfangreiche Marketingkenntnisse. Diese sind essenziell, um erfolgversprechende Social-Media-Recruiting-Kampagnen zu entwickeln. Wenn deine Auslastung oder die deiner zuständigen Mitarbeiterinnen ohnehin bereits am Limit ist, dann hol dir besser fachkundige Hilfe von außen.

Advertising

meets

Recruiting

Teil 4: Advertising meets Recruiting

Wie kann ich Social-Media- Advertising mit Recruiting-Kampagnen verbinden?

Seit rund einem Jahrzehnt beschäftige ich mich nun schon intensiv mit dem Thema Social-Media-Advertising. Es gibt so viel darüber zu berichten, dass man damit einige Bücher füllen könnte. In diesem Kapitel möchte ich dir jedoch vor allem erklären, was Social-Media-Advertising bedeutet und wie du es in Kombination mit Social-Media-Recruiting wirkungsvoll einsetzen kannst. Dieses Zusammenspiel bildet das Fundament der bei Adstark entwickelten Methode.

Social-Media-Advertising bezieht sich auf das Werben oder die Vermarktung von Produkten, Dienstleistungen oder Inhalten auf verschiedenen Social-Media-Plattformen. Es ist eine Form des Online-Marketings, bei der Werbeinhalte gezielt an die Benutzer von sozialen Medien ausgeliefert werden, um deren Aufmerksamkeit zu erregen, Interaktionen zu fördern und sie zu Bewerbern zu konvertieren.

Was ist Social-Media-Advertising?

Im Grunde handelt es sich bei Social-Media-Advertising um die Fusion zweier bekannter Handlungsfelder: Social Media, die sozialen Kanäle, treffen auf Advertising, also auf Werbeanzeigen. Somit hast du mittels Social-Media-Advertising die Möglichkeit, über finanzierte Werbung eine bestimmte Zielgruppe in den sozialen Netzwerken zu adressieren. Durch bezahlte Reichweiten kannst du gute Platzierungen im Feed deiner Zielgruppe erreichen - die Sichtbarkeit deines Unternehmens wird erhöht. In Kombination mit Recruiting ergibt sich hier ein großer Mehrwert für dein Business - vor allem was das Suchen und Finden von potenziellen neuen Mitarbeiterinnen betrifft.

Eines ist in diesem Zusammenhang jedoch wichtig: Verwechsle Social-Media-Advertising bitte nicht mit dem Bespielen eines herkömmlichen Social-Media-Kanals oder mit dem Posten von einfachen Beiträgen! Hierbei musst du zwischen zwei verschiedenen Arten von Beiträgen unterscheiden:

Organische Beiträge

Organische Beiträge kannst du auf der Plattform deiner Wahl platzieren, ohne dass dabei Kosten entstehen. Dafür werden diese Beiträge allerdings nur von jenen Usern gesehen, die deinem Kanal folgen oder ein Interesse an deinem Content zeigen. Das macht es schwierig, auch Menschen außerhalb deiner Follower-Gruppe zu erreichen.

Advertising-Kampagnen

Diese Beiträge sind gesponserte Anzeigen, die du gegen Geld platzieren kannst. Die Zielgruppe ist klar definiert, und du bezahlst Geld für eine vorgegebene Reichweite.

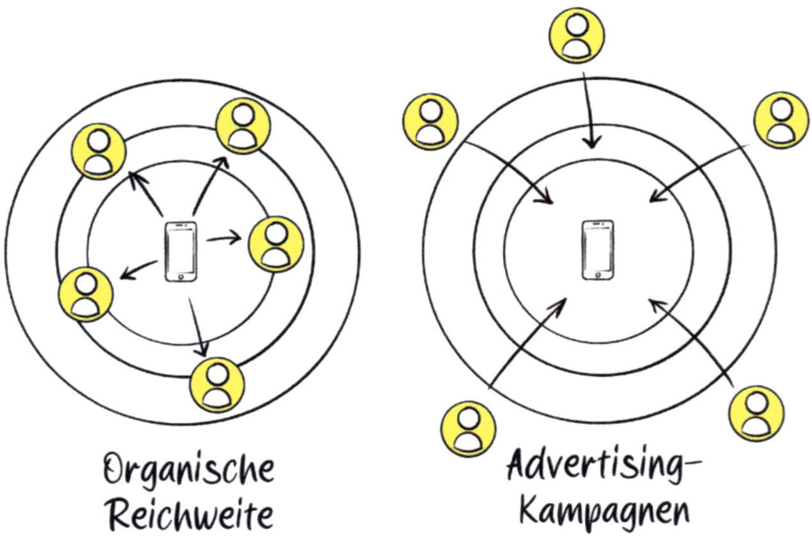

Was sind die Vorteile von Social-Media-Advertising im Vergleich zu anderen Werbemöglichkeiten beim Recruiting?

Einige unumstößliche Vorteile sprechen für das Social-Media-Advertising. Die fünf wichtigsten Benefits findest du hier auf einen Blick.

Gezielte Ansprache

Du bist in der Lage, deine gewünschte Zielgruppe präzise und personalisiert anzusprechen. Das heißt, du kannst deine Botschaften zielgerichtet auf die Menschen zuschneiden, die du erreichen willst. Somit kommst du über Social-Media-Advertising auch an User, die deine Facebook-Seite noch nicht kennen.

Kosteneffizienz

Social-Media-Advertising ist um ein Vielfaches kosteneffizienter als herkömmliche Werbemethoden wie Fernsehbeiträge, Radiowerbung oder Zeitungsannoncen. Besonders die klassischen Werbekanäle bauen auf eine bestimmte Anzahl von Zuschauern oder Lesern, die einen gewissen Sender schauen oder genau die Zeitung lesen, in der du inserierst.

Leider lässt sich jedoch nie nachvollziehen, wie viele Leserinnen oder Zuschauer deine Werbebeiträge tatsächlich bewusst wahrnehmen und wie viele sie überblättern oder wie viele Personen in der Werbepause auf die Toilette gehen. Natürlich können auch diese Kanäle einen wertvollen Beitrag zur Werbung deines Unternehmens leisten – allerdings musst du dafür ganz schön tief in die Tasche greifen!

Sichtbarkeit

Die hohe Sichtbarkeit deiner Arbeitgebermarke ist ein weiterer großartiger Benefit des Social-Media-Advertisings. Deine Webseite kann rasch beworben werden, du erhältst eine Chance, deine Marke nachhaltig und zukunftssicher aufzubauen, und ganz nebenbei sparst du auch einiges an Budget. Eine Zeitungsannonce macht dein Unternehmen jeweils nur in einer einzigen Ausgabe sichtbar. Möchtest du dein Unternehmen erneut vor den Vorhang holen, musst du wieder investieren, und oft dauert es einige Zeit, bis sich diese Investitionen bezahlt machen – falls überhaupt.

Flexibilität

Beim Social-Media-Advertising hast du die Möglichkeit, in Echtzeit Optimierungen an deiner Strategie vorzunehmen und deine Botschaften flexibel anzupassen. Deine Marketingbotschaft kann, sobald du sie online platziert hast, eindeutig ausgewertet werden. Im Bedarfsfall nimmst du Optimierungen vor und überarbeitest deine Strategie. Zudem ist es dir möglich, mehrere Menschen über verschiedene Botschaften gleichzeitig anzusprechen. Anders als bei der Fernsehwerbung, bei der du ein vorgegebenes Zeitfenster bekommst, kannst du im Social-Media-Advertising nach deinen Vorstellungen und Wünschen die richtige Botschaft zur richtigen Zeit platzieren.

Kommunikation

Last, but not least ermöglicht dir Social-Media-Advertising eine klare und auswertbare Kommunikation mit deiner Zielgruppe. Du erkennst in der Regel sofort, wie deine Botschaft auf dem Markt ankommt – du siehst Likes und Kommentare in Echtzeit und kannst ebenso schnell auf diese reagieren.

Was ist Omnipräsenz und wie erlange ich diese?

Omnipräsenz bedeutet, kurz gesagt, dass deine Marke allgegenwärtig sichtbar ist.

Doch wozu das Ganze? Warum machen Großkonzerne, obwohl sie bereits weltweit bekannt sind, trotzdem fortlaufend Werbung und haben im Durchschnitt sogar wesentlich höhere Marketingausgaben als unbekanntere Marken?

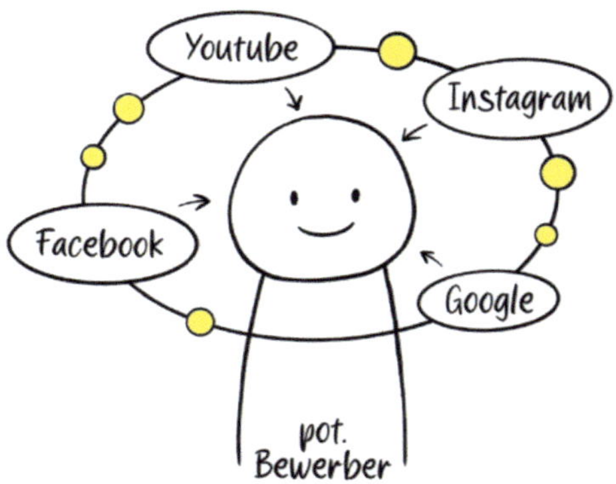

Ganz einfach: Alles, was uns regelmäßig begegnet, wirkt über kurz oder lang auf uns vertrauenswürdig. Wir bauen im Unterbewusstsein eine Verbindung auf, und diese schafft schlussendlich Vertrauen in eine Marke oder ein Unternehmen. Langfristig gesehen bewirkt dieses Vertrauen, dass etablierte Marken fast von allein wachsen: Nicht nur steigt der Umsatz, es werden auch die besten Köpfe Interesse daran haben, in diesen Unternehmen zu arbeiten.

Wenn du Omnipräsenz erreichen und bei deiner Zielgruppe Vertrauen in deine Marke aufbauen möchtest, ist es am besten, spezielle Tracking-Tools zu nutzen, die dich bei deinem Vorhaben unterstützen.

Achte jedoch darauf, immer die Datenschutzrichtlinien genauestens einzuhalten, und passe auch den Cookie-Banner auf deiner eigenen Webseite entsprechend an, wenn du das nicht ohnehin schon gemacht hast.

Hier gibt es einige Bedingungen, die du erfüllen musst, um im Rahmen des Gesetzes zu bleiben. Beschäftige dich lieber einmal ausführlich damit, damit du nichts übersiehst und eine oft empfindlich hohe Strafe bezahlen musst.

Ein Cookie-Banner ist ein Pop-up-Fenster, das beim Besuch einer Webseite erscheint. Es dient dazu, die Zustimmung des Webseiten-Besuchers zum Setzen und Auslesen von Cookies einzuholen.

Ein Cookie ist eine kleine Textdatei, die von einer Webseite auf dem Computer oder einem anderen Gerät eines Besuchers gespeichert wird, wenn dieser die Webseite aufruft. Cookies dienen dazu, Informationen über die Interaktionen des Benutzers mit der Webseite zu sammeln, zu speichern und abzurufen.

Es gibt gute Strategien, wie du verschiedene Plattformen vernetzen und dein Tracking sauber abwickeln kannst.

Aber Achtung: Dein Unternehmen wird nicht von heute auf morgen omnipräsent! Dieser Prozess ist kein Sprint, sondern eher mit einem Marathon zu vergleichen. Vor allem dann, wenn du eine Wachstumsstrategie verfolgst.

Notiz am Rande: Viele Unternehmen machen sich Sorgen, dass es negative Auswirkungen haben könnte, wenn sie zu viel Werbung schalten und immer wieder die gleiche Zielgruppe bzw. die gleichen Personen ansprechen. Und tatsächlich gibt es hier sicherlich auch ein Zuviel. Du hast allerdings die Möglichkeit, genau einzustellen, wie oft deinen Interessentinnen Impressionen von deinem Unternehmen gezeigt werden. So kannst du sicherstellen, dass deine Werbeschaltungen nicht überhandnehmen. Solltest du jedoch bewusst die Absicht hegen, gewisse Zielgruppen mit Werbung zu überhäufen, dann ist auch das möglich.

!

In Bezug auf Online-Werbung und digitales Marketing bezieht sich der Begriff „Impression" auf den Moment, in dem einem Besucher eine Anzeige auf einer Webseite oder in einer App angezeigt wird. Eine Impression wird gezählt, sobald die Anzeige erfolgreich auf den Bildschirm des Nutzers hochgeladen wurde, unabhängig davon, ob der Nutzer die Anzeige nun tatsächlich wahrgenommen oder sogar mit ihr interagiert hat.

Was soll eine gute Social-Media-Recruiting-Kampagne beinhalten?

Natürlich möchtest du deine wertvolle Zeit vermutlich nicht einfach in irgendeine x-beliebige Online-Kampagne stecken. Und im besten Fall erstellst du eine richtig gute Social-Media-Recruiting-Kampagne, die deinem Unternehmen die gewünschten Erfolge bringt.

Worauf solltest du dabei achten?

Zunächst einmal sind ansprechende Anzeigen das Um und Auf. „Eh klar!", erwiderst du jetzt wahrscheinlich - aber lass mich dir etwas Grundlegendes verraten: Gerade im Social-Media-Bereich, mehr als bei jedem anderen Medium, ist es von ungemeiner Wichtigkeit, die Aufmerksamkeit der User zu gewinnen. Im Schnitt beträgt die Aufmerksamkeitsspanne der Menschen in den sozialen Medien lediglich einige wenige Sekunden. Das heißt, dir bleibt nicht wirklich viel Zeit, um jemanden von dir zu überzeugen.

Richte daher deinen Fokus auf Kampagnen, die deine angepeilte Zielgruppe mit den richtigen Botschaften erreichen, und erwecke ihre Aufmerksamkeit. Denn weißt du, was? Auch die coolste Kampagne hilft dir nicht weiter, wenn du damit nicht die richtigen Menschen ansprichst. Im Gegenteil: Du verlierst Zeit und Geld!

Daher ist es enorm wichtig, deine Zielgruppe genau zu kennen, um diese mit klaren Botschaften, die du in ein kreatives Design packst, zu adressieren.

Deine klare Botschaft muss in allen Bestandteilen deiner Kampagne stecken, das heißt, sie muss sowohl im Header als auch im Text und im Call-to-Action zu finden sein.

Header

Schauen wir uns zuerst den Header an. Ein Header, also quasi die Überschrift, muss kurz und klar formuliert sein. Hier bringst du deine Botschaft knapp und präzise auf den Punkt. Außerdem ist ein aussagekräftiges Design gefragt. Sobald deine Zielgruppe selbst nur einen flüchtigen Blick darauf wirft, muss sie sofort wissen, worum es in deiner Kampagne geht – sie muss also sofort verstehen, dass du für eine aktuelle Jobvakanz neue Talente suchst.

Hier sind ein paar Beispiele:

- *Karriere machen: Starte deine berufliche Laufbahn bei uns!*
- *Wir suchen dich als [Berufsbezeichnung]*
- *Werde Teil unseres Teams bei [Arbeitgeber]*

Text

Der Text soll die Botschaft des Headers konkretisieren und wie ein Buch den Leser abholen, indem die richtigen Details ausgeführt werden – allerdings bitte nicht zu detailverliebt! Auch hier gilt es auszutesten, welcher Umfang wirklich notwendig und was zu viel ist. Es gibt „lesefaule" Menschen, die keine langen Texte brauchen oder lesen wollen. Es gibt aber auch Menschentypen, die mehr Infos benötigen, sich gerne dafür Zeit nehmen und daher schon alles Wichtige im Text vorfinden wollen.

Du kannst beide Zielgruppen gleichzeitig abholen, indem du die absolut notwendigen Informationen auf einen Blick präsentierst und das, was für die zweite Gruppe interessant ist, etwas zurückhaltender positionierst. Das ist für dich hochrelevant, denn wenn du es schaffst, deinen Anzeigentext psychologisch richtig zu schreiben, dann fesselt er die Aufmerksamkeit aller Leserinnen.

Je länger sich jemand mit dir und deiner Arbeitgebermarke befasst, desto höher ist sein Interesse.

So gesehen ist es nicht nur wichtig, sondern unabdingbar, dass dein Text deine Zielgruppe zum einen abholt und zum anderen auch bei der Stange hält.

Call-to-Action

Jede deiner Kampagnen sollte immer mit einem sogenannten „Call-to-Action" (kurz: CTA) abschließen, also mit einer Handlungsaufforderung, die du sehr kurz halten kannst. Schreibe zum Beispiel „Jetzt kaufen!" oder „Jetzt bewerben!" und fordere damit die Nutzer auf, einen Button zu drücken, der sie direkt in den Bewerbungsprozess weiterleitet – doch dazu später mehr im Kapitel *„Bewerbungsprozess"*.

Targeting

Hast du erst einmal eine gute Kampagne erstellt, ist es an der Zeit, dein Targeting zu schärfen. Es ist ausschlaggebend, dass du mit deinem Posting die richtigen Personen erreichst, ansonsten kann die ganze Aktion nach hinten losgehen. Achte besonders darauf, die Gruppe an Personen, die du erreichen möchtest, klar zu definieren und einzugrenzen. Das gelingt dir im Normalfall am besten über verschiedene Social-Media-Tools. Im Idealfall nutzt du dafür vorgegebene Interessensgruppen, die dir Meta oder die jeweilige Plattform zur Verfügung stellen.

Sehr hilfreich ist es auch, deine gewünschte Zielgruppe mit Bildern anzusprechen – am besten mithilfe von Motiven, in denen die entsprechende Zielgruppe abgebildet wird. Wir sehen schneller, als wir lesen, und ein Bild sagt tatsächlich oft mehr als tausend Worte. Daher sollte auch die Bildsprache mit deiner Zielgruppe übereinstimmen.

Wenn du beispielsweise in Anzeigen, mit denen du Azubis finden möchtest, nur erwachsene Personen präsentierst, wäre das eindeutig kontraproduktiv. Deine Zielgruppe würde sich mit hoher Wahrscheinlichkeit gar nicht erst angesprochen fühlen und weiterscrollen, deine Anzeige würde also untergehen.

Algorithmus

Doch es ist nicht damit getan, deine Zielgruppe mit deiner Anzeige zu überzeugen – auch der viel diskutierte Algorithmus spielt in den sozialen Medien eine maßgebliche Rolle.

Sobald der hinterlegte Algorithmus erkennt, dass deine Beiträge das Interesse vieler User wecken, die in die von dir vorgegebene Gruppe fallen, werden die Beiträge einem noch größeren Publikum angezeigt. So optimiert der Algorithmus laufend die Anzeige deiner Kampagnen und macht sie für noch mehr Menschen sichtbar, die an deinem Angebot Interesse haben könnten.

Aber Achtung: Hier liegt auch eine große Fehlerquelle begraben! Solltest du deine Zielgruppe nicht genau kennen, wirst du höchstwahrscheinlich die falschen Menschen ansprechen und der Algorithmus kann dich dementsprechend nicht unterstützen, sondern dir sogar schaden! Das wäre zum Nachteil für alle Beteiligten: Die gesuchten Toptalente erfahren nicht von deiner Jobvakanz, und du selbst stehst nach wie vor ohne passende Mitarbeiterinnen da.

Worauf muss ich beim Erstellen einer guten Social-Media-Anzeige achten?

Damit dir das Erstellen einer guten Anzeige gelingt, möchte ich dir abschließend noch drei zusätzliche Tipps mitgeben:

1. Keep it simple!

Ja – einfach ist gut! Oft sehe ich Stellenanzeigen, die unnötig kompliziert und missverständlich ausformuliert wurden, weil manche augenscheinlich der Meinung sind, je hochgestochener sie ihre Anzeige formulieren, desto besser. Doch dieser Gedanke ist grundfalsch.

Nehmen wir an, du bist auf der Suche nach einer Softwareentwicklerin. Also erstellst du eine passende Social-Media-Kampagne und kannst es kaum erwarten, mit den Toptalenten, die sich in den weiten Welten der sozialen Kanäle verbergen, in Kontakt zu treten. Weil du aber wirklich nur mit hochqualifizierten Menschen ins Gespräch kommen willst, feilst du noch ein wenig an deiner Anzeige: Du versuchst, sie möglichst hochtrabend zu formulieren, um wirklich nur die besten Bewerberinnen anzusprechen. Also schreibst du statt „SoftwareentwicklerIn" lieber „SoftwareingenieurIn". Klingt doch besser, oder? Falsch! Genau hier liegt der entscheidende Irrtum! Beide Berufsgruppen existieren – die eine Bezeichnung ist kein Synonym für die andere! Für den einen Beruf muss ein Studium absolviert werden, für den anderen gibt es eine nicht-universitäre Ausbildung. Also, wen suchst du? Keine Softwareentwicklerin wird sich auf die Stelle bewerben, wenn du sie mit „SoftwareingenieurIn" ausschreibst. Du sprichst somit eine komplett falsche Zielgruppe an!

Kommuniziere daher unbedingt in der Sprache deiner Zielgruppe und formuliere klare Botschaften, die innerhalb von Sekunden verstanden werden können.

2. Setz dir ein Budget!

Damit deine Social-Media-Recruiting-Kampagne so richtig durchstartet, musst du Geld investieren. Wie viel? Nun, das hängt zum einen natürlich davon ab, wie viel du dir leisten kannst oder willst, und zum anderen davon, bis zu welchem Radius deine Suche ausgedehnt werden soll. Kategorisiere deine Suche nach geografischen Gegebenheiten und passe dein Budget entsprechend an:

Regionale Suche

Bei einer regionalen Suche musst du zunächst zwischen Ballungsräumen und ländlichen Gebieten unterscheiden. Es macht schließlich einen gehörigen Unterschied, ob du in Berlin oder im Schwarzwald in einem Umkreis von 50 Kilometern suchst. In dem einen Radius leben vermutlich mehrere Millionen Menschen, während du in dem anderen Bereich weitaus weniger Personen antreffen wirst.

Qualifikation

Ausschlaggebend für das Budget ist auch die Qualifikation. Je spezieller oder höher qualifiziert die zu besetzende Position ist, desto schwieriger wird es, geeignete Kandidatinnen zu finden. Daher ist ein höheres Budget zu empfehlen. Je quereinstiegsfreundlicher die Stelle dagegen ist, desto weniger Budget wirst du wahrscheinlich brauchen.

Rechne auf jeden Fall mit rund 35 Euro Werbebudget pro Tag, also gut 1.000 Euro aufwärts im Monat.

Bei überregionaler Werbung dehnst du den Pool an Menschen, die du erreichen möchtest, weiter aus. Je mehr Menschen du durch deine Kampagne ansprechen möchtest, desto mehr Budget musst du einplanen. Kalkuliere hier etwa 55-60 Euro an Kosten pro Tag.

Scrum in der Praxis
The Drop
ANGELA MERKEL

Nationale Kampagnen werden täglich mit rund 80 Euro zu Buche schlagen.

Internationale Kampagnen sind die mit Abstand teuersten Werbemaßnahmen und kosten über 100 Euro pro Tag.

3. Optimierte Landingpages

Eine optimierte Landingpage (wie etwa ein Bewerbertrichter), auf die interessierte User mit nur einem Klick gelangen, sind unabdingbar. Nutze dieses Tool daher unbedingt, entweder als eigenständige Seite oder als Teil deiner Unternehmens-Webseite! Der Großteil der User wird deine Werbekampagne auf dem Smartphone angezeigt bekommen. Achte daher darauf, dass die Landingpages, auf die die Nutzer im Anschluss weitergeleitet werden, für dieses Format optimiert sind. Es gibt kaum etwas Schlimmeres als Landingpages, die ausschließlich für das Desktop-Format konzipiert sind und daher auf dem Smartphone verzerrt dargestellt werden! Niemand hat Lust, so etwas zu lesen, und du wirst dadurch viele Interessentinnen verlieren.

Eine Landingpage ist eine speziell gestaltete Webseite, auf der ein Besucher landet, wenn er einen bestimmten Link oder eine Werbeanzeige anklickt. Der Zweck einer Landingpage besteht darin, den Besucher zu einer bestimmten Handlung zu bringen, wie beispielsweise einen Kauf zu tätigen, ein Formular auszufüllen, sich für einen Newsletter anzumelden oder sich für weitere Informationen zu registrieren.

Wie erstelle ich überzeugende Werbeanzeigen für Jobs?

Eines ist klar: Wenn du schon viel Herzblut in deine Werbeanzeigen steckst, dann möchtest du damit auch überzeugen! Natürlich können immer wieder Fehler passieren, das ist nun einmal so. Doch eigentlich ist das nicht weiter schlimm, solange du sie erkennst und eine Kurskorrektur vornimmst.

Vor einiger Zeit kam der Geschäftsführer eines Entwicklerbüros auf uns zu. Er wollte mit Unterstützung von Adstark eine Kampagne starten, um neue Mitarbeiter zu finden. Wir saßen also gemeinsam in einem Onlinemeeting, um uns besser kennenzulernen und alle Eckpunkte zu besprechen.

Der Geschäftsführer saß mir dabei in T-Shirt und Jeans gegenüber – locker und leger. Er hatte bereits damit begonnen, sich über die Positionierung seiner Arbeitgebermarke Gedanken zu machen, und die Produktion eines Imagevideos in Auftrag gegeben, das er mir nun zeigte. Das Video war gut gemacht … aber da stimmte etwas nicht!

Ich sagte zu meinem Kunden: „Vielen Dank für dieses Video, es ist wirklich interessant. Allerdings wirft es eine Frage bei mir auf: Sie sitzen mir hier gerade in einem sehr lässigen Outfit gegenüber – im Video sind allerdings nur Personen im Anzug zu sehen. Haben Sie tatsächlich diesen strengen Dresscode in Ihrem Unternehmen?"

Tatsache war: Es gab in seinem Office keinen Dresscode! Ein Businesshemd, das dich während der acht Stunden am Tag vor dem PC nur zwickt und zwackt, macht überhaupt keinen Sinn, und Entwickler kann ein solch völlig übertriebener Dresscode nur abschrecken. Kaum einer von ihnen würde so an seinem Arbeitsplatz sitzen wollen.

Schlussendlich entschieden wir uns dazu, das Video noch einmal neu zu drehen, nur dieses Mal mit authentischen Mitarbeitern, ganz ohne Anzug und Hemd. Wir hatten den Fehler erkannt und haben eine Kurskorrektur vorgenommen – nichts weiter ist passiert.

Scheu dich nicht davor, auch einmal abseits bekannter Wege zu denken und etwas zu tun, das du vielleicht so während deiner Ausbildung nicht gelernt hast.

Sei kreativ und anders – sofern es zu eurem Unternehmen passt! Baue überzeugende Anzeigen, die aus der Masse herausstechen, ohne dabei künstlich oder unecht zu wirken!

Hier ein paar Punkte, die du dabei unbedingt beachten solltest:

Achte auf das richtige Format.

Jede soziale Plattform arbeitet mit ihren eigenen Formaten und Bildgrößen. Manche Plattformen unterstützen Hochformat, manche Querformat, andere wiederum Kinoformate oder quadratische Formen. Informiere dich am besten vorab, welches Format für die Plattform, auf der deine Werbung erscheinen soll, optimal geeignet ist. Schlimmstenfalls musst du ein und denselben Beitrag mehrfach erstellen, um ihn für verschiedene Plattformen zu optimieren. Es ist ein bisschen Aufwand, aber glaub mir, es wird sich lohnen!

Verwende authentische Bildmotive.

Trau dich ruhig, unterschiedliche ansprechende Anzeigenmotive zu testen. Das Bildmaterial kann Menschen zeigen, muss es aber nicht! Auch gute (!) Stockfotos funktionieren wunderbar! Wichtig ist dabei, immer zu überlegen, welche Motive deine Zielgruppe sehen möchte.

Du suchst Kfz-Mechatroniker? Ich habe selbst eine Ausbildung als Mechatroniker gemacht. Wenn ich mir nun vorstelle, das Unternehmen, in dem ich die Lehre gemacht habe, hätte ein Inserat mit drei Männern im Hemd oder mit der Außenansicht der Werkstatt geschalten, dann hätte ich mich sicherlich weniger angesprochen gefühlt, als wenn ich gleich als Erstes einen jungen Mann gesehen hätte, der an einem getunten Auto arbeitet, oder Bilder, die coole Schlitten im „The Fast and the Furious"-Style zeigen.

Egal, worauf du setzt – achte darauf, dass deine Motive authentisch sind und nicht gestellt wirken. Kein echter Kfz-Mechatroniker kauft dir ein Bild eines sauber herausgeputzten Statisten ab, der in einer cleanen Werkstatt posiert! Fotografiere lieber den echten Handwerker mitsamt seinen Ölflecken auf der Montur. Schließlich weiß deine Zielgruppe ganz genau, wie es in einer Werkstatt abläuft, und möchte auch exakt das sehen.

Variiere deine Bildmotive.

Verwende sowohl Motive mit Personen als auch solche mit kreativen Abbildungen. Finde heraus, worauf deine Zielgruppe anspringt, und setze gezielt auf diese Motive.

Wir haben beispielsweise die Erfahrung gemacht, dass Busfahrerinnen mehr auf Fotos von bestimmten Busmarken reflektieren als auf Fotos von tatsächlichen Fahrerinnen hinter dem Lenkrad. Offenbar sind Personen, die den ganzen Tag Maschinen oder Fahrzeuge bedienen, eher daran interessiert, zu erfahren, mit welcher Maschinen- oder Fahrzeugmarke sie es im Unternehmen zu tun haben werden, als an vermeintlichen Kolleginnen, die sie wahrscheinlich ohnehin eher selten zu sehen bekommen. Wenn du ihnen zeigst, welche Arbeitsgeräte sie bei dir erwarten, kannst du damit punkten. Meine Empfehlung: Teste, teste, teste!

Kommuniziere direkte Benefits.

Um die Aufmerksamkeit potenzieller Talente zu gewinnen, kannst du beispielsweise die herausragendsten zwei bis drei Vorteile eures Unternehmens hervorheben. Je bunter die Farben sind und je lebendiger die Bilder, mit denen ihr euch in den Social Media präsentiert, desto mehr Interesse werden potenzielle Bewerberinnen bekunden.

Welche technischen Voraussetzungen und Kenntnisse brauche ich, um eine Werbekampagne in den Social Media aufzubauen?

Grundkenntnisse im Marketing

Solltest du nicht wissen, wie man Werbeanzeigen designt oder worauf man in der Kommunikation nach außen achten soll, dann kann ich dir nur dringend raten, dir Hilfe von außen zu holen. Das Lesen dieses Buches allein wird dich leider nicht zum Experten machen können.

Grundkenntnisse in der Technik

Falls du keinerlei Erfahrung damit hast, ein Unternehmenskonto auf Facebook, Instagram oder anderen Plattformen zu erstellen, kannst du das einfach nachschlagen. Da jedoch das digitale Arbeiten mit diesen Tools nicht jedem liegt, empfehle ich dir, dir gegebenenfalls auch hier Hilfe zu holen.

Du kennst dich mit Marketing aus, und der digitale Auftritt ist kein Neuland für dich? Das sind sehr gute Voraussetzungen, um eine oder mehrere erfolgreiche Kampagnen zu erstellen. Glückwunsch - du kannst mithilfe dieses Buchs loslegen!

Nachdem du nun geklärt hast, wo du stehst, findest du hier die nächsten Schritte:

Such dir die passende Plattform aus.

Im Kapitel über die Zielgruppen haben wir darüber gesprochen, auf welcher Plattform wer zu finden ist. Dieses Wissen kannst du jetzt nutzen, um potenzielle Bewerberinnen zu erreichen.

Erstelle auf den entsprechenden Plattformen ein Unternehmensprofil oder eine Fanseite, um die Sichtbarkeit deines Unternehmen zu steigern.

Nutze ein professionelles Werbekonto.

Auf Meta gibt es unterschiedliche Arten von Werbekonten. Du brauchst ein professionelles Konto, das mit deinem Unternehmen verknüpft ist.

Im Online-Workbook gehe ich detailliert auf diesen Punkt ein und erläutere dir den Weg zu einem Facebook- oder Instagram-Werbekonto. Außerdem spreche ich weitere wichtige Aspekte an, beispielsweise wie du eine Zahlungsmethode oder eure Unternehmensdaten etc. hinterlegen kannst.

Nutze Tracking-Tools wie zum Beispiel Facebook-API-Tracking.

Wende das Wissen an, das du in diesem Buch erwirbst:

- Definiere eine Zielgruppe: Wen möchtest du erreichen?
- Erstelle Anzeigen: Welche Ansprache möchtest du bei der Kandidatensuche nutzen?
- Entwickle einen smarten Bewerbungsprozess: Wie soll der Ablauf aussehen?
- Prüfe, ob du alle Datenschutzbestimmungen einhältst und ob der Umgang mit den über Social Media kommenden Bewerbungen einwandfrei ist.
- Setze die erste Kampagne auf und generiere Bewerbungen.
- Lade Kandidaten ein und führe Interviews. Dazu gibt es im Online-Workbook ein zusätzliches Dokument mit dem Titel *„Wie gehe mit Kandidateneintragungen um?“*.

Wie finde ich die richtige Social-Media-Advertising-Agentur?

Falls du dich - aus welchen Gründen auch immer - dazu entscheiden solltest, deine Social-Media-Advertising-Kampagnen nicht inhouse abzuwickeln, wirst du dich höchstwahrscheinlich auf die Suche nach einer geeigneten Agentur machen. Doch wie sieht eine passende Agentur aus und worauf solltest du dabei achten?

In den meisten Fällen wird deine Suche nach einer Social-Media-Advertising-Agentur im Internet beginnen. Sobald eine Agentur dein Interesse weckt, überprüfe zuallererst, was genau angeboten und worauf der Fokus gelegt wird. Ich empfehle dir, dich im Zweifelsfall für eine Agentur zu entscheiden, die ihren Arbeitsfokus hauptsächlich oder ausschließlich auf Social-Media-Advertising legt.

Zwar gibt es unzählige sogenannte Full-Service-Agenturen, also Agenturen, die ein breit gefächertes Portfolio an Dienstleistungen anbieten, doch erfahrungsgemäß werden Projekte von diesen oftmals nur oberflächlich abgearbeitet, da man schnell eine große Menge an unterschiedlichsten Kundenanfragen bedienen möchte. Arbeite stattdessen lieber mit einem Spezialisten zusammen, der das Feld, in dem du Erfolge erzielen möchtest, so gut kennt wie seine Westentasche. Damit du dich gut auf ein Erstgespräch mit einer Agentur deiner Wahl vorbereiten kannst, fasse ich für dich im Folgenden kurz zusammen, worauf du auf alle Fälle achtgeben solltest:

Dienstleistungen

Welche Dienstleistungen bietet die Agentur genau an? Sprichst du mit einem Allrounder oder mit einem Spezialisten auf dem von dir gewünschten Gebiet?

Kapazitäten

Wie viele Personen sind in der Agentur beschäftigt? Gibt es verlässlich genügend Kapazitäten für dein Projekt?

Prozessablauf

Wie sieht der Prozessablauf in der Regel aus? Passt er zu deinen Vorstellungen?

Erfahrung

Wie viel Erfahrung bringt das Unternehmen im Bereich Social-Media-Advertising bzw. Social-Media-Recruiting mit? Reicht das Know-how tatsächlich aus, um dein Projekt gut und vor allem erfolgreich auf die Beine zu stellen?

Natürlich könnte man diesen Fragenkatalog noch beliebig erweitern. Die oben angeführten Punkte sollen dir lediglich als Richtschnur für dein Erstgespräch dienen.

Selbst, wenn du schlussendlich im Gespräch eventuell ganz andere Fragen stellen wirst, rate ich dir nochmals, großen Wert auf die Erfahrung des Unternehmens zu legen. Erfahrung ist gerade in einem Bereich wie dem Social-Media-Advertising, für das es keine fachliche Ausbildung gibt, das unangefochtene A und O.

Ach ja – wenn du deine eigene Recruiting-Kampagne auf Meta erstellen möchtest, dann findest du online im Workbook dazu eine ausführliche Anleitung.

Fazit

Um Social-Media-Advertising ideal verwenden zu können, solltest du mit deinem Unternehmen Omnipräsenz anstreben. Nur dann können die Maßnahmen perfekt greifen.

Ob du es lieber selbst umsetzen möchtest oder dafür auf Experten zurückgreifst, liegt in deinem Ermessen - um es dir leichter zu machen, findest du in diesem Kapitel eine kleine Entscheidungshilfe.

Employer Branding

1
Marke

Teil 5: Was versteht man unter Employer Branding?

In diesem Abschnitt konzentrieren wir uns auf das Employer Branding, also auf deine Arbeitgebermarke. Wir sprechen von Employer Branding für Mitarbeiter (intern) einerseits und für potenzielle Bewerber (extern) andererseits.

Dieses Thema ist so umfassend, dass schon zahlreiche Werke dazu verfasst wurden. Ich werde mich daher im Rahmen dieses Buches nur auf diejenigen Aspekte fokussieren, die für erfolgreiches Social-Media-Recruiting wichtig sind.

Außerdem werde ich näher darauf eingehen, wie deine Arbeitgebermarke der Zukunft aussehen sollte, damit dein Unternehmen für die besten Talente deiner Branche attraktiv ist. Du wirst Tipps und Tricks erhalten, um eine ansprechende Marke auf Social Media aufzubauen – und ich verrate dir das ein oder andere gut gehütete Geheimnis aus unserer Arbeit bei Adstark.

„Für Social Media haben wir weder die Zeit noch die nötigen Kenntnisse! Wir haben keinen Social-Media-Auftritt!"

Vielen Unternehmern kommt allein schon beim Gedanken an ein Social-Media-Profil das Grauen: Nicht nur muss jede Menge Zeit investiert werden, auch müssen sich die Mitarbeiter womöglich zunächst ein paar grundlegende Kenntnisse aneignen, um den Kanal bzw. die Kanäle überhaupt betreiben zu können.

Das stimmt zum Teil: Natürlich erfordert eine Präsenz in den Social Media, die langfristig aufgebaut werden soll, Zeit und Engagement. Aber muss dein Kanal überhaupt auf Langfristigkeit ausgelegt sein? Vielleicht reicht es in deinem Fall völlig aus, den Social-Media-Kanal deines Unternehmens nur aktiv zu bespielen, während du neue Mitarbeiter suchst? Ich rate zwar grundsätzlich davon ab, einen einmal etablierten Kanal gänzlich offline zu stellen – das Investment dafür kann sich, sofern du nicht gerade Arbeitskräfte suchst, in Grenzen halten.

Und Hand aufs Herz: Jeder, der behauptet, er habe für Social Media keine Ressourcen, setzt die Prioritäten einfach falsch!

Employer Branding zielt auf die positive Positionierung eines Arbeitgebers ab. Es soll dazu dienen, die Attraktivität eines Unternehmens zu steigern und somit die besten neuen Talente anzuziehen sowie bestehende Topmitarbeiter langfristig zu halten.

Doch worin liegt das Geheimnis eines guten Employer Brandings? In den letzten Jahren sind immer wieder verschiedenste Trends aufgetaucht. Manche davon hatten Bestand, andere entpuppten sich als Eintagsfliegen.

Eine Konstante jedoch blieb über all die Jahre bestehen: Authentizität. Bis heute ist sie eine der wichtigsten Eckpfeiler für erfolgreiches Employer Branding – auch und gerade auf Social Media!

Wo liegt der Unterschied zwischen Social-Media-Kampagnen und Employer Branding?

Viele Firmen nutzen die Reichweite ihrer sozialen Kanäle, um Vakanzen zu füllen.

Doch Achtung: Die Standard-Kanäle eines Unternehmens sind oft rein auf Kundengewinnung ausgerichtet. Veröffentlichst du auf diesem Kanal nun eine Jobausschreibung, wirst du schlichtweg die falsche Zielgruppe – nämlich deine Kunden – erreichen.

Damit Zielgruppen nicht vermischt werden, kreieren viele Unternehmen einen zusätzlichen Kanal, auf dem es rein um Jobausschreibungen und die Suche nach neuen Mitarbeitern geht. Die Followerzahl ist auf diesen Kanälen zwar meist um ein Vielfaches kleiner als auf den Standard-Kanälen, dafür wird hier gezielt mit der entsprechenden Zielgruppe – den potenziellen neuen Mitarbeiterinnen – kommuniziert.

Gehen wir davon aus, du suchst Mitarbeiter in der Produktion: In zwei bis drei Jahren kann dich der demografische Wandel mit voller Wucht treffen – außer du sorgst rechtzeitig vor. Wenn du zu spät reagierst, wird dir das früher oder später auf den Kopf fallen. Arbeite daher schon heute an der Sichtbarkeit und an der positiven Positionierung deiner Arbeitgebermarke. Erstelle dir eine Art Puffer für die Zukunft und setze auf einen Bewerberpool, den du dir nach und nach aufbaust – dann kannst du beruhigt in die Zukunft blicken: Dein Bewerberpool ermöglicht dir ein sicheres Wachstum ohne Ängste. Mit ausreichend Mitarbeitern bist du auch steigenden Kundenanfragen gewachsen.

Wichtig ist in diesem Kontext, vor allem auch Jüngere anzusprechen, denn sie sind die Arbeitskräfte der Zukunft! Daher solltest du diese beiden Punkte besonders beachten:

Diversity

Diversity, also die Vielfältigkeit und Unterschiedlichkeit der Personen in einem Unternehmen, wird in Zukunft noch wichtiger werden. Besonders junge Menschen legen darauf sehr viel Wert. Arbeitgebermarken, die sich schon frühzeitig in diesem Bereich positiv positionieren, werden es auf lange Sicht gesehen einfacher haben.

Aber was bedeutet Diversity konkret? Es geht darum, dass für verschiedene kulturelle Hintergründe, Geschlechter (ja, du liest richtig – es gibt mehr als zwei!), Altersgruppen, Religionen und Unterschiede – wie körperliche, mentale und seelische Behinderungen und Beeinträchtigungen – Platz geschaffen wird. Also kurz gesagt: für alles Menschliche. Wie auch immer du auf Social Media interagierst, behalte diesen Aspekt auf jeden Fall im Auge!

Interaktion

Außerdem solltest du dich auch mit der sogenannten Employer Experience vertraut machen. In der Arbeitswelt der Zukunft wird die gesamte Interaktion der Menschen mit deiner Arbeitgebermarke von Bedeutung sein. Das fängt schon beim Bewerbungsprozess an: Der Prozess der Zukunft muss smart, schlank und interaktiv sein. Im besten Fall macht er sogar Spaß! Die Digitalisierung lässt besonders in diesem Feld die Zahl der Möglichkeiten nach oben schnellen. Künstliche Intelligenz wird hier neue Türen öffnen und Chancen aufzeigen, die es bis dato so nicht gab.

Wir bei Adstark haben zum Beispiel unsere eigene KI namens S.I.V.A (= Surreal Intelligence Via Adstark) entwickelt. Der Name „Siva" kommt übrigens aus dem Tamilischen und bedeutet übersetzt „Freund". Und in diesem Sinne ihrem Namen gerecht werdend, greift S.I.V.A unseren Mitarbeiterinnen durch kluge Automatisierungen unter die Arme. Auf diese Weise kann sich unser Team auf das Wesentliche konzentrieren und bewahrt sich den Spaß an der Arbeit, weil es nicht durch monotone Abläufe gelangweilt wird.

Du siehst, die Zukunft bietet viele neue Chancen und Möglichkeiten. Es liegt an dir, offen dafür zu sein und sie zu ergreifen!

Wie hilft mir Employer Branding dabei, passende Mitarbeiterinnen zu finden?

Je bekannter eine Arbeitgebermarke ist und je prominenter sie sich im Bewusstsein der Menschen positionieren kann, desto mehr Vertrauen wird sie bei potenziellen neuen Mitarbeitern wecken. Bei deinem Unternehmen werden sich meist nur Personen bewerben, die das Gefühl haben, dir als Arbeitgeber vertrauen zu können. Der Schlüssel für dieses Gefühl ist unter anderem die Sichtbarkeit deiner Arbeitgebermarke. Je öfter man dein Unternehmen sieht, desto stärker wird das Vertrauen werden. Deine Aufgabe ist es, zu wissen, was dein Unternehmen ausmacht, und diese Besonderheiten laufend zu kommunizieren.

Orientiere dich hierbei ruhig an großen und bekannten Marken und sieh dir an, wie diese für sich Werbung machen. Viele dieser Konzerne sind quasi permanent im Bewusstsein der Menschen und erzeugen dadurch eine Vertrautheit, die dazu führt, dass mehr Menschen ihre Produkte kaufen. Und in weiterer Folge natürlich auch dazu, dass sich mehr Leute bei ihnen bewerben.

Employer Branding hilft deinem Unternehmen also genau damit: Es baut langfristig Vertrauen auf, und du erreichst deine potenziellen Talente. Gleichzeitig kannst du dich digital - und somit kosteneffizient - positionieren und beständig an der Sichtbarkeit deines Unternehmens arbeiten. Durch wohlüberlegtes Employer Branding holst du im Übrigen nicht nur potenzielle neue Mitarbeiterinnen ab. Gleichzeitig schaffst du es auch, deinen bestehenden Mitarbeitern ein Gefühl von Sicherheit zu vermitteln. Und je mehr Sicherheit du als Arbeitgebermarke vermittelst, desto beruhigter sind deine Stammmitarbeiter, denn so haben sie das Gefühl, nicht permanent um ihren Job fürchten zu müssen.

Welche Strategien kann mein Unternehmen beim Employer Branding verfolgen?

Hast du schon einmal etwas von der Employer Value Proposition (kurz EVP) gehört? Im Grunde handelt es sich dabei um den Kern deiner Arbeitgebermarke. Das heißt, die EVP beschreibt dein Unternehmen von innen. Sie zeigt auf, welche Werte, Angebote oder auch Vorteile deine Mitarbeiter von dir erwarten können.

Da es sich dabei um die Kernaussage deiner Arbeitgebermarke handelt, solltest du ein besonderes Augenmerk darauf richten und die EVP vor allem transparent und klar an deine Mitarbeiter – wie auch an all jene, die es einmal werden sollen – vermitteln. Weil man beim Thema EVP schnell einmal den Überblick verlieren kann, möchte ich dir ein paar einfache Schritte an die Hand geben, mit deren Hilfe du eine passende EVP für dein Unternehmen erarbeiten kannst:

Bestandsanalyse

Starte mit einer Bestandsanalyse. Damit du weißt, wo du beginnen musst, solltest du zunächst genau wissen, wo dein Unternehmen derzeit steht. Analysiere mit gezielten Fragen, woher ihr kommt, wofür ihr steht, aber auch welche Werte und Überzeugungen euch prägen.

Vergiss dabei auf keinen Fall herauszuarbeiten, was dein Unternehmen von potenziellen Mitbewerbern unterscheidet. Ebenso gilt es sich anzusehen, wo die Stärken und Schwächen deines Unternehmens als Arbeitgeber liegen. Binde bei dieser Analyse am besten deine Mitarbeiter ein. Befrage sie, halte Workshops und führe Interviews!

Es ist wichtig, die Werte und Überzeugungen zu verstehen, die das Rückgrat deines Unternehmens bilden.

Diese können beispielsweise Integrität, Innovation, Teamarbeit, Nachhaltigkeit oder Kundenzufriedenheit beinhalten.

Ein weiterer wichtiger Aspekt ist die Unternehmenskultur: Diese umfasst die gemeinsamen Verhaltensweisen, Normen und Praktiken, die idealerweise von den Mitarbeitern geteilt werden. Ist eure Unternehmenskultur eher formell oder informell? Wie werden Entscheidungen getroffen, wie Kommunikation und Zusammenarbeit gefördert?

Zielgruppe

Definiere deine Zielgruppe. Ich weiß, du hast bereits mehrfach in den vorherigen Kapiteln darüber gelesen. Trotzdem möchte ich auch an dieser Stelle noch einmal herausstreichen, wie wichtig eine gute Zielgruppenanalyse ist!

Frage dich, welche Menschen in Zukunft bei dir arbeiten sollen. Welche Eigenschaften und Qualifikationen sind für die Positionen, die ihr besetzen möchtet, wichtig? Was genau könnte diese Zielgruppen motivieren, für dein Unternehmen zu arbeiten?

Wenn du diese Fragen beantworten kannst, hast du bereits einen Löwenanteil der Arbeit erledigt! Denn mit diesen Antworten hast du dir eine ideale Basis für das Erstellen von erfolgreichen Marketingkampagnen geschaffen, die auf deine Zielgruppe zugeschnitten sind.

Bei der Definition von Zielgruppen ist es wichtig, dass du die entsprechenden Anforderungen und Qualifikationen für die zu besetzenden Positionen berücksichtigst. Welche fachlichen Fähigkeiten, Kenntnisse und Erfahrungen sind erforderlich, um deine offenen Positionen erfolgreich auszufüllen? Dies kann von technischen Fähigkeiten und beruflichen Abschlüssen bis hin zu branchenspezifischem Fachwissen und Soft Skills gehen.

Darüber hinaus sind für dein Unternehmen oder für die zu besetzende Position vielleicht auch bestimmte Persönlichkeitsmerkmale und Eigenschaften relevant. Beispielsweise könnte es – je nach Vakanz – für euch sinnvoll sein, nach Teamplayern zu suchen, die sich in einer kooperativen Arbeitsumgebung gut einbringen können, oder aber nach selbstmotivierten Talenten, die eigenständig und proaktiv arbeiten.

Individuelle EVP

Entwickle deine individuelle EVP! Damit diese deine Arbeitgebermarke stärkt, rate ich dir, deine Botschaften klar und deutlich sowie einzigartig zu formulieren. Hebe dich von Branchenkonkurrenten ab, sprich deine Zielgruppe konsequent an und setze auf eine transparente Kommunikation deiner Unternehmenskultur und -werte. Die EVP sollte auf den Stärken des Unternehmens aufbauen und sich von anderen Arbeitgebern positiv abheben. Die EVP soll eure Zielgruppen – seien es potenzielle Mitarbeiter, Bewerberinnen oder bereits angestellte Talente – inspirieren und ihnen eine klare Vorstellung davon geben, warum genau ihr und niemand anderer der richtige Arbeitgeber für sie seid. Durch eine ansprechende und authentische Botschaft wird ihr Interesse geweckt, um sie dazu zu motivieren, mit euch arbeiten zu wollen.

Implementierung

Führe die EVP in deinem Unternehmen ein. Der Schlüssel zur erfolgreichen Implementierung deiner EVP ist schlicht und ergreifend Kommunikation. Auch hier spielt die Sichtbarkeit über Kampagnen in den sozialen Medien oder auf deiner Webseite eine große Rolle. Zeige, wer du bist, und mache die Kernaussage deines Unternehmens für alle evident!

Eure EVP sollte in allen Kanälen, auf denen dein Unternehmen als Arbeitgeber kommuniziert, aufscheinen, inklusive Stellenanzeigen, Karriereseiten, Social-Media-Kanälen, aber auch im Austausch mit Bewerbern und Mitarbeitern. Nur so kannst du sicherstellen, dass eure Employer Value Proposition überall klar ersichtlich ist und von potenziellen Bewerberinnen wahrgenommen wird.

Lebendigkeit

Dass deine EVP lebt, ist der wahrscheinlich wichtigste Punkt in Bezug auf eine starke und erfolgreiche EVP. Bedenke stets, dass sie nicht in Stein gemeißelt ist. Vielmehr sollte sie lebendig sein. Das heißt: Schrecke nicht davor zurück, sie sporadisch immer wieder zu hinterfragen und im Bedarfsfall anzupassen! Kontrolliere regelmäßig, ob das, was du nach außen kommunizierst, noch Bestand hat. Gegebenenfalls muss die EVP adaptiert werden, denn nur so kannst du sicherstellen, dass sie wirklich die Werte deines Unternehmens widerspiegelt und dass die Bedürfnisse eurer Zielgruppe erfüllt werden.

Mit den folgenden fünf einfachen Schritten kannst du eine authentische EVP erarbeiten. Glaube mir, es wird sich lohnen! Als ergänzende Hilfe möchte ich dir ein paar Strategien nennen, mit deren Hilfe du deine Arbeitgebermarke zusätzlich stärken kannst:

Sei aktiv auf den Social Media unterwegs.

Ja, auch das ist im Grunde kein wirklich neuer Tipp. Du kennst diese Aussage bereits aus vorangegangenen Kapiteln. Trotzdem werde ich nicht müde zu betonen, wie wichtig eine gute Präsenz in den sozialen Kanälen ist! Finde heraus, wo sich deine Zielgruppe aufhält, und strebe im besten Fall Omnipräsenz an.

Setze auf Mitarbeiterempfehlungsprogramme.

Wenn du eine attraktive Arbeitgebermarke aufgebaut hast, sind deine Mitarbeiter mit hoher Wahrscheinlichkeit sehr zufrieden. Bringe sie dazu, diese Zufriedenheit proaktiv nach außen zu kommunizieren und im Idealfall neue Talente aus ihrem direkten Umfeld anzuwerben. Vereinbare zum Beispiel eine Empfehlungsprämie, die ein Mitarbeiter erhält, sofern eines seiner neu angeworbenen Talente die Probezeit übersteht.

Kommuniziere auch nach innen.

Vergiss nicht, in regelmäßigen Abständen das persönliche Gespräch zu deinen bestehenden Mitarbeitern zu suchen. Sie sind das Rückgrat deines Unternehmens! Zeige daher den Kurs deines Unternehmens auf, kommuniziere geplante und bevorstehende Änderungen und sei transparent. Führe Vieraugengespräche und hole dir ehrliches Feedback ein.

Sei authentisch.

Niemand mag es, wenn sich sein Gegenüber verstellt. Das gilt im gleichen Maße für Unternehmen. Mitarbeiter schätzen einen authentischen Arbeitgeber, dem sie vertrauen können. Achte daher unbedingt darauf, ausschließlich das zu kommunizieren, was tatsächlich der gelebten Unternehmensrealität entspricht. Alles andere führt nur zu negativen Emotionen und Enttäuschungen – also nichts, womit man dein Unternehmen in Verbindung bringen sollte. Leider ist es manchmal so, dass sich im Eifer des Gefechts Kommunikationsfehler einschleichen – man kommuniziert Vorteile, die es so vielleicht gar nicht mehr gibt, oder vergisst, Änderungen einzufügen. Aber keine Sorge – diese Fehler passieren jedem, und sie sind halb so schlimm, solange du sie zeitnah erkennst und behebst.

Ein kleines Beispiel aus dem Hause Adstark gefällig? Eine Zeit lang hatten wir im Büro einen Müslistand für unser Team – ein schöner Benefit, wie wir dachten. Fleißig bewarben wir diesen Vorteil, aber irgendwie wurde das Müsli nie so richtig angenommen.

Also entfernten wir den Stand, vergaßen jedoch, ihn aus unserer Kommunikation nach außen zu streichen. Erst als sich ein halbes Jahr später jemand nach dem Müslistand erkundigte, wurde uns klar: Oops, hier ist etwas schiefgelaufen!

Wir entfernten diesen Kommunikationsfehler und passten unsere EVP an. Übrigens gibt es bei uns stattdessen nun einen Instantsuppenstand – auf Wunsch der Mitarbeiter. ;-)

Wie messe ich den Erfolg von Employer Branding?

Natürlich stellt sich jeder Unternehmer, der Employer Branding zur Stärkung seiner Arbeitgebermarke nutzt, die Frage, wie er mögliche Erfolge daraus messbar machen kann.

Zum einen unterstützt uns das Messbarmachen von Erfolgen dabei, unseren Kurs beizubehalten oder notfalls anzupassen. Zum anderen hilft es uns aber auch, unser wichtigstes Gut – Zeit! – nur in jene Handlungen zu investieren, die sich letzten Endes auch rentieren.

Damit du den Erfolg deines Employer Brandings sichtbar machen kannst, möchte ich dir an dieser Stelle ein paar Messkriterien an die Hand geben.

Mitarbeiterbindung

Eine der wichtigsten Messlatten für erfolgreiches Employer Branding ist die langfristige Bindung deiner Mitarbeiter an das Unternehmen. Bleiben Mitarbeiter bei dir, selbst wenn sie ein Topangebot von der Konkurrenz erhalten, spricht das deutlich für deine Arbeitgebermarke. Weiter so, du bist auf dem richtigen Weg!

Bewerberqualität

Marken, die landläufig bekannt sind, haben tendenziell mehr qualifizierte Bewerberinnen zur Auswahl. Permanente Sichtbarkeit hilft somit, deine Bewerberqualität hochzuhalten.

Kosteneffizienz

Einer der größten Vorteile des Employer Brandings ist schlicht und ergreifend die Kosteneffizienz. Während du früher eine oder mehrere Zeitungsannoncen schalten musstest, läuft das inzwischen ganz anders. Heute bildet gutes Marketing die Basis für erfolgreiche Mitarbeitergewinnung. Wenn du auf ein gutes, aber im Vergleich kostenschonendes Employer Branding setzt, sparst du dir auf lange Sicht Kosten im Recruiting. Behalte diese Zahlen im Blick und vergleiche sie. Du wirst sehen, eine sichtbare Arbeitgebermarke führt zu mehr Erfolgen bei der Mitarbeitergewinnung, ohne dass du dabei dein Budget übermäßig strapazieren musst.

Empfehlungen

Mitarbeiter, die dein Unternehmen aus erster Hand kennen und dir eine gute Empfehlung aussprechen, sind im wahrsten Sinne des Wortes Gold wert! Potenzielle Bewerber lassen sich vor allem durch solche First-Hand-Informationen überzeugen. Je mehr positive Empfehlungen du vorweisen kannst, desto besser funktioniert dein Employer Branding.

Positives Feedback von Mitarbeitern

Menschen tendieren dazu, vornehmlich Negatives offen zu kommunizieren. Wir können zehnmal in ein Restaurant essen gehen und überaus zufrieden sein. Beim elften Mal wird erst sehr spät serviert, die Speise ist nur noch lauwarm, der Kellner verhält sich unhöflich – und schon tippen wir verärgert eine negative Bewertung online ins Handy. Eine Ansammlung von positiven Feedbacks ist somit ein gutes Kriterium, um dein Branding zu überprüfen. Achte darauf, positives Mitarbeiterfeedback zu sammeln. Animiere deine Mitarbeiter dazu, dir gute Bewertungen zu hinterlassen, damit dein Employer Branding ordentlich Fuß fasst. Manchmal brauchen sie nur einen kleinen Anreiz, um sich positiv über etwas zu äußern. Frage daher aktiv nach und bitte um Feedback, das du beispielsweise online über kununu.com sammeln kannst.

Wie sorge ich für eine hohe Mitarbeiterzufriedenheit und damit für eine starke Bindung zum Unternehmen?

Du fragst dich vielleicht gerade, wie dieses Kapitel hier ins Buch passt, immerhin geht es doch eigentlich um das Thema Social-Media-Recruiting, also um das Anwerben von neuen Talenten.

Das ist richtig – allerdings rate ich dringend dazu, deinen Fokus nicht nur auf potenzielle neue Mitarbeiter zu legen, denn sonst verlierst du vielleicht den Blick auf eine wesentliche und bereits vorhandene Stärke deines Unternehmens: deine aktuellen Mitarbeiterinnen!

Auch für bereits bestehende Mitarbeiter ist eine gute Arbeitgebermarke von großer Bedeutung. Was sonst sollte sie daran hindern, bei der erstbesten Gelegenheit die Flucht zu ergreifen und das Unternehmen zu wechseln? Das heißt, du solltest deine Arbeitgebermarke nicht nur für Suchende attraktiv machen, sondern auch für jene, die schon fixer Bestandteil deines Teams sind.

Falls du zum Beispiel nach außen Versprechen abgibst, die du dann nach innen nicht hältst, wirst du auf Dauer keine zufriedenen Mitarbeiterinnen haben. Sie werden unter Umständen bald erkennen, dass du nicht wirklich hinter deiner Arbeitgebermarke stehst, und dein Unternehmen früher oder später verlassen.

Wenn du nun wissen möchtest, worauf du bei einem guten Betriebsklima achten sollst, lies auf alle Fälle weiter. Ich werde hier ein bisschen aus dem Nähkästchen plaudern und dir verraten, worauf beispielsweise wir bei Adstark bauen.

Strukturen

Strukturiere und plane deine Projekte. Dieser Punkt ist für alle Mitarbeiter wichtig – egal, aus welchem Bereich sie kommen. Wenn sämtliche Arbeitsabläufe klar und strukturiert sind, alle Beteiligten über ihre Aufgaben Bescheid wissen und Projekte effizient abgewickelt werden, steigt automatisch das Wohlbefinden deiner Mitarbeiter.

Stell dir vor, du arbeitest beispielsweise in einem Unternehmen für Lagerlogistik, und jeden Morgen zu Schichtbeginn musst du zuallererst einmal herausfinden, wo dein Arbeitsgerät, sprich dein Stapler, am Vorabend von einem deiner Kollegen geparkt wurde. Er steht jeden Tag an irgendeinem anderen Platz der drei riesigen Lagerhallen.

Außerdem bist du tagtäglich von Neuem damit beschäftigt, deine Arbeitsutensilien zusammenzusuchen, denn niemand legt auch nur irgendetwas an seinen angestammten Platz zurück. Bevor du also mit deiner eigentlichen Arbeit starten kannst, bist du mit jeder Menge unnötiger Tätigkeiten beschäftigt – und das tagein, tagaus. Das frustriert!

Wie es wäre stattdessen, wenn du morgens in die Halle kommst, dein Stapler steht an seinem dafür vorgesehenen Stammplatz und alle deine benötigten Utensilien liegen griffbereit an Ort und Stelle? Und zwar nicht nur deine eigenen Arbeitsutensilien, sondern auch die für alle anderen Mitarbeiterinnen? Jeder kennt sich aus, kann sofort mit seiner Tätigkeit beginnen und so motiviert in den Tag starten. Das klingt doch um vieles besser, oder?

Achte also unbedingt auf klare und nachvollziehbare Strukturen. Kommuniziere diese und lege Wert darauf, dass sie von allen Mitarbeitern eingehalten werden!

Prozesse

Damit deine Mitarbeiter wissen, was zu tun ist, sollten wiederkehrende Prozesse schriftlich festgehalten werden. Dies hilft dabei, die Arbeitsqualität hochzuhalten, gleichzeitig gibt ein festgelegter Prozess allen Beteiligten Sicherheit.

Erstelle eine Art Checkliste - gerne auch digital –, die du allen an die Hand geben kannst. Schaffe von Anfang an klar strukturierte Prozesse, damit deine Abläufe wirklich reibungslos funktionieren. Das spart eine Menge Nerven und vor allem wertvolle Zeit, die deine Mitarbeiter anderweitig verwenden können.

Bei Adstark läuft das beispielsweise so:

Sobald wir eine Kundenanfrage erhalten, landet diese automatisch in unserem Vertrieb. Dort werden der potenzielle Neukunde sowie dessen Marke zunächst analysiert und wichtige Informationen für ein gemeinsames Erstgespräch gesammelt. Telefonisch wird ein Termin für die Vorführung einer Beispielkampagne vereinbart. Somit weiß der Betreffende, was ihn bei uns erwartet.

Im Anschluss an diesen Termin versenden wir ein entsprechendes Angebot. Dieses wird getrackt; außerdem vereinbaren wir ein Feedbackgespräch.

Sobald der Kunde uns seine Zusage erteilt hat, starten wir mit einem Kickoff-Meeting, das von unserem Account-Management betreut wird. Die Arbeit des Vertriebs endet somit an dieser Schnittstelle.

In einem einstündigen Gespräch unterstützt uns unsere hauseigene Künstliche Intelligenz S.I.V.A (wenn du bis hierher alles gelesen hast, kennst du sie schon) bei der Vernetzung mit unserem Kunden.

Automatisch wird einerseits ein Tausch-ordner erstellt, andererseits der Zugang zum ShareCenter ermöglicht. Somit werden unsere Mitarbeiter entlastet und können ihren Fokus auf die bestmögliche Betreuung des Kunden legen. Zudem werden in einem Meeting allfällige offene Fragen geklärt, die nächsten Schritte festgelegt und weitere Informationen für das Erstellen einer qualitativ hochwertigen Kampagne gesammelt.

! *Das ShareCenter von Adstark ist eine Art Tauschordner für einen strukturierten Datentransfer, damit wir keine „unsicheren" Tools nutzen müssen, um große Dateien zu versenden.*

Sobald die Kampagne fertig entwickelt ist, kommt unser internes Vieraugenprinzip zum Tragen. Das bedeutet, dass sich eine Person aus dem Team die Kampagnenentwürfe ansieht, um eventuelle Fehler zu finden und zu bereinigen.

Im Anschluss geht die ausgearbeitete Kampagne an unseren Kunden. Diesen Part übernimmt S.I.V.A.

Im nächsten Schritt – nach der Freigabe durch den Kunden – geht die Kampagne binnen 24 Stunden online. Alle Schritte sind bei uns standardisiert und dokumentiert, sodass jedes Teammitglied auf diesen Workflow zugreifen kann.

Du siehst also: Mithilfe von festgelegten Prozessen, aber auch mit der Unterstützung durch unsere S.I.V.A, vereinfachen wir verschiedene Abläufe und sparen dadurch Zeit. Zudem steigern wir die Effizienz und sorgen so für ein besseres Betriebsklima.

Offene Kommunikation

Offenes Feedback, aber auch eine offene Kommunikation, sind heute das absolute A und O eines guten Arbeitsklimas. Nicht nur fühlen sich deine Mitarbeiter geschätzt, auch Missverständnissen kann auf diese Art und Weise effektiv vorgebeugt werden.

Stell dir vor, du bist Lagerarbeiterin in einem großen Konzern. Über Umwege erfährst du aus der Presse vom Megagewinn, den dein Arbeitgeber im letzten Geschäftsjahr eingefahren hat. Missmutig blickst du auf deine nächste Gehaltsabrechnung und kannst nicht verstehen, wieso du nicht mehr Lohn für deine harte Arbeit bekommst, wenn doch so viel Umsatz erzielt wurde. Du bist frustriert und überlegst sogar, dich nach einem neuen Job umzuschauen.

Hätte das Unternehmen von Anfang an offen kommuniziert, würde es wahrscheinlich gar nicht so weit kommen. Du als Unternehmerin könntest deinen Mitarbeitern durchaus über den großartigen Umsatz berichten, den ihr gemeinsam (!) erwirtschaftet habt, und ihnen dafür danken. Zeitgleich wäre es aber wichtig, ihnen zu erklären, was mit diesem Geld tatsächlich alles passiert: welche Ausgaben gedeckt werden müssen, welche Neuanschaffungen und Investitionen in die Infrastruktur getätigt werden, aber auch welcher Anteil am Gewinn für die Gehälter der Belegschaft verwendet wird. Das schafft Verständnis für dein Handeln und Vertrauen in dich als Arbeitgeberin.

Zeige also, dass du stets ein offenes Ohr für deine Angestellten hast, und sorge für einen permanenten Austausch von oben nach unten (und umgekehrt) sowie für eine transparente Kommunikationskultur. Denn je zufriedener die Menschen in deinem Unternehmen sind, desto bessere Arbeit werden sie leisten.

Wie wichtig ist ein guter „Über uns"-Text?

Hast du dir schon einmal die Mühe gemacht, die diversen „Über uns"-Texte von verschiedenen Unternehmen zu lesen?

Nun, falls nicht, lass mich kurz zusammenfassen, was im Großteil dieser Texte zu finden ist: Nach einer kurzen Beschreibung des Aufgabenfeldes widmen sich die meisten sofort der Ansprache potenzieller neuer Kunden. Das heißt: Die Mehrzahl der Texte dieser Art ist darauf ausgelegt, neue Kundinnen anzusprechen, die schlussendlich Geld in das Unternehmen bringen sollen.

Eine andere sehr wichtige Zielgruppe wird dabei meistens völlig vergessen: neue Mitarbeiterinnen! Fast jedes Unternehmen ist danach bestrebt, zu wachsen und zu expandieren. Dazu braucht man in der Regel auch eine steigende Anzahl an Mitarbeiterinnen.

Der Großteil dieser Textpassagen ist jedoch ausschließlich auf Neukunden ausgerichtet, und neue Kandidatinnen fühlen sich von den Inhalten kaum bis gar nicht angesprochen. Vor allem die Generationen Z und Alpha legen aber sehr großen Wert darauf, die Mission sowie die Visionen deines Unternehmens aus deinen Texten herauslesen zu können.

In allererster Linie gilt es zu verstehen, wohin die Reise deines Unternehmens gehen soll. Dann erst kannst du deine Visionen und deine Mission für dein Business kommunizieren. Ein guter und aussagekräftiger „Über uns"-Text ist somit eine Art Visitenkarte, die du nicht nur deinen Kundinnen, sondern auch potenziellen neuen Mitarbeitern präsentierst.

Sobald du dir dieser Tatsache einmal bewusst bist, wirst auch du diese Texte in Zukunft mit anderen Augen betrachten.

Es kann übrigens durchaus passieren, dass du den Text, je nach Vakanz und Zielgruppe, von der Ausdrucksweise her anpassen musst – ohne jedoch den Blick auf deine Mission zu verlieren.

Schau mal, so in etwa liest sich ein Standardtext:

Unser Unternehmen wurde vor 18 Jahren gegründet und ist stolz darauf, eine breite Palette von Produkten/Dienstleistungen anzubieten. Mit einem engagierten Team von Fachleuten arbeiten wir hart daran, die Bedürfnisse unserer Kunden zu erfüllen. Unser Ziel sind qualitativ hochwertige Produkte/Dienstleistungen, die den Erwartungen unserer Kunden entsprechen.

Durch unsere langjährige Erfahrung haben wir uns als verlässlicher Partner in der Branche etabliert. Wir sind bestrebt, unseren Kunden einen hervorragenden Kundenservice zu bieten und ihre Anliegen schnell und effizient zu bearbeiten etc.

Das Ganze könnte aber auch so klingen, wenn der Text für das Auge der Bewerberinnen geschrieben wird:

Nähe schafft Vertrauen. Und ist die Basis für optimalen geschäftlichen Erfolg. Deswegen setzen wir als Beispiel GmbH auf langjährige Kundenbeziehungen.

Die Beispiel GmbH wurde vor 15 Jahren als kleines, familiengeführtes Unternehmen in Würzburg gegründet mit dem Ziel, als Nahversorger den Familien der Umgebung mit frisch gekochten Speisen den Tag zu verschönen. Mit inzwischen über 120 MitarbeiterInnen haben wir uns zum Spezialisten im Bereich der gesunden Fertiggerichte entwickelt und vertreiben unsere biologisch gekochten, veganen Spezialitäten nicht nur in Deutschland, sondern europaweit.

Als Technologieführer im Bereich gesunder Konservierung von Nahrungsmitteln setzen wir beim Einkauf unserer Zutaten auf Nachhaltigkeit und Regionalität. So haben wir es uns zur Mission gemacht, unseren Teil zu einer gesunden Ernährung der Bevölkerung beizutragen. In diesem Sinne stellen wir im Rahmen des Programms „Gesunde Kinder" unsere Produkte für Schulen zum Einkaufspreis zur Verfügung und spenden regelmäßig unsere beliebten „Healthy Bags" für Organisationen wie Flüchtlingsheime oder Veranstaltungen. Um diese Mission weiter voranzutreiben, suchen wir dich als Lebensmitteltechnikerin, damit wir schon heute die Welt von morgen besser machen.

Ich habe für dich hier eine Anleitung, die es dir in nur vier Schritten ermöglichen wird, einen solchen Text auch für dein eigenes Unternehmen zu verfassen. Eine andere Variante findest du online im Workbook.

1. Interesse weckende Einleitung

- Hier leitest du deinen Text mit dem Markenclaim, einem Unternehmenswert oder deinem USP ein.

Nähe schafft Vertrauen. Und ist die Basis für optimalen geschäftlichen Erfolg. Deswegen setzen wir als Beispiel GmbH auf langjährige Kundenbeziehungen.

2. Unternehmensvorstellung

- Du schreibst über die Unternehmensgröße, den Standort, die Branche und die Spezialisierung deines Unternehmens.

Die Beispiel GmbH wurde vor 15 Jahren als kleines, familiengeführtes Unternehmen in Würzburg gegründet mit dem Ziel, als Nahversorger den Familien der Umgebung mit frisch gekochten Speisen den Tag zu verschönen.

Mit inzwischen über 120 MitarbeiterInnen haben wir uns zum Spezialisten im Bereich der gesunden Fertiggerichte entwickelt und vertreiben unsere biologisch gekochten, veganen Spezialitäten nicht nur in Deutschland, sondern europaweit.

3. Unternehmenswert und USP

- Was macht dein Unternehmen aus?
- Wofür steht dein Unternehmen bzw. wofür ist es bekannt?
- Was ist die Mission deines Unternehmens?
- Unternehmenswert oder USP aus der Einleitung ausführen (Wie wird es gelebt?)

Als Technologieführer im Bereich gesunder Konservierung von Nahrungsmitteln setzen wir beim Einkauf unserer Zutaten auf Nachhaltigkeit und Regionalität. So haben wir es uns zur Mission gemacht, unseren Teil zu einer gesunden Ernährung der Bevölkerung beizutragen.

4. Brücke zur Position bauen

- mit Teamgröße und Mission des Teams/der Abteilung

Um diese Mission weiter voranzutreiben, suchen wir dich als Lebensmitteltechnikerin, damit wir schon heute die Welt von morgen besser machen.

Welche Fehler können bei Stellenausschreibungen passieren?

Stell dir vor, du hast einige Jobvakanzen in deinem Unternehmen und möchtest schnell ein paar Stellenausschreibungen erstellen. Du kramst also eine Art Blaupause hervor, die ihr vor einiger Zeit einmal erarbeitet habt.

Via Copy-and-paste stellst du anhand dieser Vorlage für alle Vakanzen eine mehr oder minder gleichlautende Ausschreibung zusammen. Ein paar Anpassungen nimmst du bei den Anforderungen vor, und das war's schon. Los geht's!

Copy-and-paste ist eine sehr einfache Methode zum Kopieren und Einfügen von Text, Dateien oder anderen Inhalten.

Kommt dir das bekannt vor? Hier lauern leider bereits die ersten Fehlerquellen. In der Regel sehen alle Stellenausschreibungen gleich aus: ein kurzer „Über uns"-Text, der meist nichts mit der aktuellen Vakanz zu tun hat, sowie eine ellenlange Liste an Anforderungen, die Quereinsteigerinnen kategorisch ausschließt und voraussetzt, dass Bewerberinnen mit 25 nicht nur bereits zwei abgeschlossene Studien und gleichzeitig zehn Jahre Berufserfahrung vorzuweisen haben, sondern auch den Mond besucht haben sollten.

Kaum ein Topbewerber wird auf diesen Einheitsbrei anspringen. Eine schlechte Stellenausschreibung kann also durchaus für schlechte Ergebnisse bei deinen Einstellungen verantwortlich sein.

Damit dir solche fatalen Fehler nicht passieren, schreibe ich dir in diesem Kapitel ein paar der größten No-Gos zusammen, die du bei deiner nächsten Ausschreibung unter allen Umständen vermeiden solltest.

Unklare Anforderungen

Eine gute Stellenausschreibung sollte klare Anforderungen für die ausgeschriebene Stelle kommunizieren. Sind deine Anforderungen vage, wird dies mit ziemlicher Sicherheit dazu führen, dass sich die falschen Leute angesprochen fühlen. Im Endeffekt musst du dich dann mit Bewerbern herumschlagen, die gar nicht zu deiner vakanten Position passen, während sich andere, die vielleicht ein perfekter Match gewesen wären, bedauerlicherweise nicht bewerben. Das kostet Zeit und Ressourcen und sorgt für vergebene Chancen.

08/15-Stellenausschreibung

Es muss mal wieder schnell gehen, deswegen werden ein paar unterschiedliche Ausschreibungen durch die beliebte Copy-and-paste-Methode erstellt, leicht angepasst und veröffentlicht.

Doch Achtung: Gerade für die Generation Z sind Personalisierung und Individualität von enormer Wichtigkeit. Achte daher unbedingt darauf, jede Ausschreibung zielgerichtet zu gestalten!

Unverständliche Buzzwords

Buzzwords, also branchenspezifische Modewörter, sind oft nicht nur sperrig, sondern für viele potenzielle Bewerber schwer verständlich. Im schlimmsten Fall werden qualifizierte Interessenten durch solche unverständlichen Ausdrücke abgeschreckt. Wir Menschen fühlen uns insbesondere von Dingen angezogen, mit denen wir uns identifizieren können.

Wenn wir unterbewusst etwas sofort verstehen, erweckt das unser Vertrauen. Wenn wir umgekehrt erst einmal nur Bahnhof verstehen, anstatt uns angesprochen zu fühlen, ist der Zug im wahrsten Sinne des Wortes abgefahren.

Unprofessioneller Aufbau deiner Ausschreibung

Karriereseiten und Stellenausschreibungen, die unprofessionell wirken und vielleicht auch noch ein veraltetes

Design aufweisen, sind ein absoluter Conversion-Killer. Modernisiere deinen Internetauftritt, arbeite an einem ansprechenden Design und orientiere dich im besten Fall an den Marktführern. Suche dir spannende Inspirationen und optimiere deine Webseiten auch im Hinblick auf die mobile Nutzung – viele deiner Kandidatinnen kommen beim ersten Kontakt über das Handy zu dir!

Übertriebene Anforderungen

Eine Stellenausschreibung für eine Buchhalterposition, für die deine Bewerberinnen eine Safari in Tasmanien mitgemacht, zehn Jahre Erfahrung als Tiefseetaucher gesammelt und ein Einhorn geritten haben müssen? Wie relevant sind die geforderten Voraussetzungen für die ausgeschriebene Stelle tatsächlich?

Frage dich bei jeder einzelnen Anforderung, ob sie notwendig ist. Falls die Antwort „Nein" lautet, streich sie unverzüglich aus deiner Ausschreibung! Nichts verunsichert potenzielle neue Bewerberinnen mehr als eine Anhäufung unklarer und/oder völlig übertriebener Anforderungen. Besser, du drückst klar aus, was du dir von einem künftigen Mitarbeiter erwartest, und verzichtest auf alles andere.

Langweiliger „Über uns"-Text

Ich habe es schon mehrfach angerissen – die meisten „Über uns"-Texte bestehen aus einem grauen Einheitsbrei, der bei jeder Ausschreibung immer und immer wiedergekäut wird. Niemand möchte so etwas lesen, geschweige denn fühlt sich jemand dadurch angesprochen. Achte lieber darauf, in der Sprache deiner Zielgruppe zu kommunizieren und an dieser Stelle hervorzuheben, wieso du für sie genau der richtige Arbeitgeber bist. Zeige eventuell ein paar Testimonials aus deinem Unternehmen und schlage so eine Brücke zu deinen potenziellen Bewerberinnen. Überzeuge sie durch deine Persönlichkeit und passe unbedingt den Text für jede Vakanz individuell an.

Fehlende Unternehmenswerte

Jeder Mensch, der deine Stellenausschreibung liest, sollte wissen, wofür dein Unternehmen steht. Andernfalls läufst du Gefahr, auch menschlich gesehen nicht die richtigen Personen für deine Vakanzen anzusprechen. Kommuniziere also deine Werte in allen deinen Ausschreibungen und stell von Anfang an klar, womit sich deine potenziellen Bewerber identifizieren sollten, um in deinem Unternehmen glücklich zu werden.

Du siehst, es gibt tatsächlich ein paar wesentliche No-Gos, die deine Stellenangebote für viele Bewerber von Anfang an uninteressant wirken lassen können. Achte also möglichst darauf, diese Punkte beim Verfassen deiner nächsten Ausschreibung zu berücksichtigen. Ich verspreche dir, du wirst den Unterschied schon bald bemerken.

Zu guter Letzt möchte ich dir noch einen weiteren wichtigen Tipp für eine ansprechende Stellenausschreibung mitgeben:

Setze auf Emotionen und Persönlichkeit!

Zeige schon durch die Ausschreibung, wer ihr seid und was euer Unternehmen ausmacht. So kannst du statt der plumpen und altbackenen Formulierung „Zu Ihren künftigen Aufgaben in unserem Unternehmen zählen …" zum Beispiel „So sieht Ihr Tag bei uns aus" verwenden. Anschließend beschreibst du einen typischen Arbeitstag für Mitarbeiterinnen, die eine ähnliche oder sogar die gleiche Position in deinem Unternehmen ausfüllen. Das macht dich nicht nur sympathisch, du verbreitest gleichzeitig eine schöne Story über dein Business und dessen Abläufe.

Hab Mut, Neues auszuprobieren, und setze bei deiner nächsten Stellenausschreibung auf Authentizität und Kreativität. Trau dich, ausgetrampelte Pfade zu verlassen, und stich durch klare und ansprechende Positionsbeschreibungen aus der grauen Masse hervor!

Wir haben in früheren Abschnitten bereits mehrfach über den Einsatz von Künstlicher Intelligenz gesprochen. Dieses Tool kann dir dabei helfen, psychologisch optimal aufgebaute Stellenausschreibungen zu verfassen – und das sogar komplett kostenlos. Wichtig ist nur, dass du etwas Geduld aufbringst und die KI trainierst, indem du genau beschreibst, welche Art der Antwort du erwartest. Vielleicht benötigst du für ein ansprechendes Endresultat ein paar Anläufe, aber das ist es wert. Probier' es einfach mal aus!

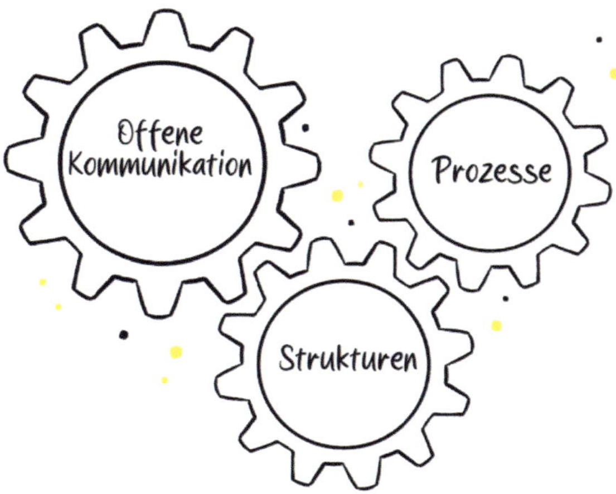

Wie baue ich überzeugende Karriereseiten auf?

Was genau kann ich mir unter einer Karriereseite vorstellen? Gute Frage – schnelle Antwort: Am besten lässt sich die Karriereseite mit einem Schaufenster für dein Unternehmen vergleichen. Stell dir vor, es ist Sonntag und du spazierst durch eine Einkaufsstraße. Alle Geschäfte sind geschlossen, doch eines der Schaufenster erregt deine Aufmerksamkeit. Die ausgestellten Waren treffen genau deinen Geschmack. Du nimmst dir vor, gleich am nächsten Tag noch einmal hinzugehen, wenn das Geschäft geöffnet hat. Und wenn du Glück hast – und der Unternehmer gut beraten wurde –, kannst du die Objekte deiner Begierde über einen QR-Code gleich direkt über dein Handy zu dir nach Hause bestellen oder reservieren lassen.

Ein QR-Code, auch bekannt als „Quick Response"-Code, ist ein zweidimensionaler, maschinenlesbarer Code, der Informationen verschlüsselt. Er wurde entwickelt, um Informationen schnell und einfach zu übertragen, indem er mithilfe eines QR-Code-Scanners oder einer QR-Code-App von Smartphones und anderen Geräten gescannt und interpretiert wird.

QR-Codes bestehen aus schwarzen und weißen Quadraten, die ein Muster bilden und Informationen in binärer Form darstellen. Diese Informationen können ein Text, Kontaktdaten, Links zu Webseiten, Produktinformationen, Veranstaltungsdetails und vieles mehr sein.

Genauso wie mit dem Schaufenster verhält es sich mit einer guten Karriereseite: Du überzeugst mit ihrer Hilfe Menschen, die noch nie zuvor mit dir in Kontakt waren, von deinem Unternehmen. Auf der Karriereseite stellst du genau das aus, was deiner Zielgruppe wichtig ist. So motivierst du Toptalente, sich für dein Unternehmen zu entscheiden und sich bei dir zu bewerben. Und auch hier gilt: Idealerweise kann sich eine Interessentin gleich direkt über einen Link und ohne großen Aufwand ihrerseits für eine offene Stelle bewerben. Nachfolgend ein paar wichtige Punkte, damit auch du deiner Karriereseite den entscheidenden Aufschwung verpassen kannst:

Visionen und Mission

Sprich über deine Visionen und deine Mission. Zeige den Interessentinnen, warum sie gerade bei dir arbeiten sollen. Kommuniziere klar die Visionen und damit einhergehend die Mission deines Unternehmens. Worauf arbeitet ihr hin?

Karrierechancen

Zeige - sofern vorhanden - die Karrieremöglichkeiten in deinem Unternehmen auf. Definiere klar und deutlich, welche Chancen die künftigen Mitarbeiter erwarten dürfen. Aber Achtung: Wecke dabei keine unrealistischen oder übertriebenen Erwartungen, die du im Endeffekt nicht erfüllen kannst! Das frustriert alle Beteiligten.

Mitarbeiterinnen

Stelle dein Team vor. Erstelle Mitarbeiterprofile und gib einen Einblick in dein bestehendes Team. Wer könnten die zukünftigen Kolleginnen deines Interessenten sein? Verwende Videos und gewähre einen kurzen Blick hinter die Kulissen. Schaffe einen positiven ersten Eindruck.

Bewertungen

Lass Arbeitgeberbewertungen für dich sprechen! Viele Unternehmen können keine einzige positive Bewertung vorweisen. Das liegt allerdings nicht daran, dass sie keine guten Arbeitgeber wären, sondern ist schlichtweg darin begründet, dass sie nie daran denken, proaktiv Bewertungen einzufordern. Doch genau darauf legen heutzutage viele junge Bewerber beim Vergleich ihrer potenziellen künftigen Arbeitgeber großen Wert. Baue dir daher ein gutes Portfolio von positiven Bewertungen auf und zeige diese offen.

Benefits

Gibt es bestimmte Vorteile für deine Mitarbeiter? Kommuniziere all das, was du bietest – vielleicht ein kostenloses Fitnessangebot oder regelmäßige Teamevents. Womit stichst du aus der Masse hervor?

Ablauf

Schritt für Schritt zum Job – der genaue Ablauf eines Bewerbungsprozesses in deinem Unternehmen ist eine herausstechende Zusatzinformation auf deiner Karriereseite. Erkläre allen Interessenten, wo ihre Bewerbungen als Erstes landen. Zeige, wie und nach welchen Kriterien die Entscheidung gefällt wird, und lege einen Zeitrahmen fest. Sei transparent und überzeuge durch diese Offenheit.

Betriebsklima

Aufs Klima kommt's an! Ein gutes Betriebsklima ist vielen Arbeitskräften oftmals wichtiger als ein höheres Gehalt. Niemand möchte mehr in einem Unternehmen arbeiten, in dem er sich nicht wohlfühlt. Zeige, wie du als Unternehmer für ein gutes Betriebsklima Sorge trägst.

Wir bei Adstark veranstalten zum Beispiel jede zweite Woche einen Brunch-Day auf Kosten der Firma. Eine Stunde lang sitzt das ganze Team gemütlich zusammen, plaudert und lässt sich einen herrlichen Brunch schmecken.

Diversity

Die Vielfalt macht's! Diversity wird zunehmend wichtiger. Zeige, dass dein Unternehmen diesbezüglich offen ist und sich dafür engagiert.

Künstliche Intelligenz

KI als Partner – die ständig voranschreitende Technologie macht auch vor unserer Arbeitswelt nicht Halt. Arbeitsabläufe verändern sich und können mithilfe von KI vereinfacht werden. Setzt dein Unternehmen vielleicht schon heute auf dieses Tool? Zeige, wie innovativ du bist, und beweise allen Interessentinnen, dass du dich mit deinem Unternehmen am Puls der Zeit bewegst.

Call-to-Action

Eine klare Handlungsaufforderung am Ende deiner Karriereseite holt all jene ab, die ein wirkliches Interesse an einem Job in deinem Unternehmen haben. Erlaube es den Menschen, über den Call-to-Action direkt mit euch in Kontakt zu treten oder sich mit wenigen Klicks bei euch zu bewerben.

Du siehst, es gibt so einiges, was du beim Erstellen oder bei der Pflege deiner Karriereseite beachten solltest. Doch keine Panik, wenn du noch nicht alle diese Punkte abhaken kannst. Gut Ding braucht bekanntlich Weile. Arbeite Schritt für Schritt an deiner Karriereseite und zeige potenziellen Kandidaten, was sie bei dir erwarten können. Betrachte diese Seite wie ein wandelbares Schaufenster, in dem du immer wieder neue Objekte ausstellen und hinzufügen kannst.

Karriereseite für Social-Media-Recruiting: Vernachlässigen oder ganz weglassen?

Vielleicht fragst du dich immer wieder einmal, ob du dir überhaupt die Mühe machen solltest, eine Karriereseite für dein Unternehmen aufzubauen. Lohnt es sich? Und vor allem: Ist sie eine zwingende Voraussetzung dafür, die besten Talente zu erreichen?

Wie zuvor schon beschrieben, ist eine Karriereseite wichtig und notwendig – allerdings nicht, wenn es um Social-Media-Recruiting geht! Hierfür ist sie nicht erforderlich. Du weißt bereits, dass die meisten Menschen über ihr Smartphone in die sozialen Medien einsteigen. Karriereseiten hingegen sind meistens für eine Desktopansicht konzipiert. Und nur, weil eine Karriereseite für das Smartphone kompatibel – also responsive – ist, bedeutet das noch lange nicht, dass sie auch gleichzeitig für Mobilgeräte optimiert ist. Der Text und die Absätze, die Bilder und die Videos, die auf deinem Desktop spitzenmäßig aussehen, werden in der Smartphone-Ansicht völlig verzerrt dargestellt. Dabei entstehen gefühlt meterlange Texte – der User muss scrollen und verliert ganz schnell die Begeisterung für deine Inhalte.

Halte dir diesen Umstand immer vor Augen, denn das optische Erscheinungsbild kann über Erfolg oder Misserfolg deiner Kampagne entscheiden. Karriereseiten beinhalten in der Regel eine Menge an Informationen über dein Unternehmen. Grundsätzlich ist daran nichts verkehrt, jedoch gibt es einen Haken: In der Mehrzahl der Fälle bewerben sich Menschen, die auf den Social Media über deine aktive Advertising-Kampagne gestolpert sind, gleich via Smartphone bei dir. Häufig kugeln sie dabei am Feierabend gemütlich auf dem Sofa herum und gucken nebenbei ihre Lieblingsserien. Möchtest du deine potenziellen neuen Talente also von deiner Arbeitgebermarke überzeugen, heißt es, sie keine Zeit verlieren zu lassen. Kaum jemand hat wirklich Lust, auf dem kleinen Display des Smartphones die gerade erwähnten ellenlangen Texte zu lesen.

Zudem ist ihnen dein Unternehmen vielleicht ohnehin bereits bekannt und die Informationen sind daher gar nicht erforderlich. Schlimmstenfalls verschreckst du deine Interessenten möglicherweise sogar, selbst, wenn sie eigentlich nur noch einen einzigen Klick von ihrer Bewerbung bei deinem Unternehmen entfernt wären.

Folgende Punkte sprechen gegen Karriereseiten für Social-Media-Recruiting:

Lange Texte

Zu viele Details schrecken ab. Stattdessen sind knackig kurze Informationen gefragt, damit Interessenten sich innerhalb weniger Minuten für oder gegen dein Unternehmen entscheiden können.

Schlechte Filteroptionen

Vielleicht kennst auch du Karriereseiten, auf denen man Dutzende Stellenausschreibungen findet, diese aber nicht ordentlich filtern kann. Niemand möchte durch zig Stellenausschreibungen scrollen müssen in der Hoffnung, eine passende zu finden.

Auf den Social Media ist gezielte Kommunikation gefragt. Jedes zusätzliche Feld, das ausgefüllt werden muss, stellt eine Hürde für die Bewerbung dar, und nicht jeder potenzielle Kandidat nimmt viele davon in Kauf. Frage dich daher, welche Informationen tatsächlich vorab nötig sind, und überfordere deine Interessenten nicht.

Smartphone-Display

Wie bereits kurz angesprochen, ist kaum eine Karriereseite für das kleine Display eines Smartphones gemacht; meist sehen diese Seiten nur auf einem Desktop attraktiv aus. Im Übrigen sind auch Stellenausschreibungen im PDF-Format, die man vorab downloaden muss, ein absolutes No-go – niemand möchte gerne Dateien von fremden Internetseiten herunterladen müssen. Abgesehen davon können viele Smartphones die PDF-Formate nicht ordentlich anzeigen. Also besser Finger weg davon!

Latent/passiv Suchende

Aktiv suchende Menschen haben mehrheitlich einen aktuellen Lebenslauf bei der Hand. Anders verhält es sich jedoch bei Personen, die spät am Abend deine Stellenausschreibung in ihren sozialen Kanälen entdecken. Vielfach handelt es sich dabei um latent oder passiv Suchende. Das heißt, weder Lebenslauf noch Anschreiben liegen parat.

Meist werden jedoch genau diese Dokumente auf Karriereseiten verlangt. Die Interessierten verschieben also ihre Bewerbung bei dir auf einen späteren Zeitpunkt – wer hat schon Lust, von hier auf jetzt seinen Lebenslauf auf Vordermann zu bringen, und das auch noch, wenn man vielleicht gerade gemütlich daheim auf dem Sofa chillt? Im schlechtesten Fall wird die Bewerbung nicht nur vertagt, sondern überhaupt vergessen.

Kurz zusammengefasst rate ich dir daher: Lass die Finger von Bewerbungsprozessen über Karriereseiten! Die Wahrscheinlichkeit, dass toptalentierte Personen an irgendeiner Stelle dieses häufig doch sehr mühsamen Bewerbungsprozesses abspringen, ist einfach zu hoch!

Wie definieren wir unsere eigenen Unternehmenswerte?

Menschen leben entsprechend gewissen Wertvorstellungen. Diese Werte definieren, wie wir leben, denken und fühlen. Doch nicht nur Menschen, auch Unternehmen können und sollten Werte haben! Nicht nur deshalb, weil sie dadurch ihre Position in der Öffentlichkeit unterstreichen – auch für die eigenen Mitarbeiter sind klare Unternehmenswerte wichtig, um sich mit ihrem Arbeitgeber nachhaltig identifizieren zu können.

So können offen kommunizierte Unternehmenswerte die Fluktuationsrate bei den Mitarbeiterinnen, vor allem in der Probezeit, drastisch senken. Eine Mitarbeiterin, die sich nicht mit den Werten deines Unternehmens identifizieren kann, wird langfristig bei euch nicht glücklich werden. Auf der anderen Seite können Unternehmenswerte, die mit den eigenen Werten in einem hohen Maße übereinstimmen, das Vertrauen in die Arbeitgebermarke stärken, was wiederum zu einer stärkeren Loyalität der Kundinnen, aber auch der Mitarbeiter führt.

Falls du selbst bisher noch keine Gelegenheit hattest, für dein Business Unternehmenswerte zu erarbeiten, dann möchte ich dir an dieser Stelle gerne dabei helfen.

Du findest hier eine Art Blaupause, also eine Schritt-für-Schritt-Anleitung, die es dir ermöglicht, die Werte deines Unternehmens zu definieren.

Selbstanalyse

Beginne mit einer Selbstanalyse. Frage dich, wofür dein Unternehmen steht. Beginne am besten mit einem Brainstorming und sammle verschiedene Punkte.

Mission

Identifiziere deine Mission. Wenn du weißt, wofür dein Unternehmen steht, erarbeitest du dir in diesem Schritt die Ziele, die du auf deinem Weg erreichen willst. Überlege, was du alles verwirklichen möchtest und wie dir das gelingen kann. Wie sieht die Mission zu deinen Zielen aus?

Vision

Definiere deine Vision. Wenn du weißt, was du erreichen willst, und deinen Weg dorthin kennst, dann überlege, wie deine Mission zur Vision werden kann. Diese große Vision steht quasi über allem.

Mitarbeiterbefragung

Hol die Meinungen deiner Mitarbeiter ein. Befrage am besten jeden einzelnen und finde heraus, wie deine Mitarbeiter dein Unternehmen sehen. Binde sie ins Brainstorming ein und lass dir zeigen, wie sie euer Unternehmen wahrnehmen.

Analyse

Analysiere deine Branche. Vergleiche, welche Werte oder Missionen andere Unternehmen in deiner Branche kommunizieren. Keine Sorge – du sollst nicht blind irgendwelche Werte abschreiben! Aber lass dich inspirieren und überlege, wo dein Unternehmen stehen könnte.

Unternehmensgeschichte

Erkunde die Geschichte deines Unternehmens. Warum und mit welchem Ziel wurde es gegründet? Hier spielt vor allem die Geschäftsführerin eine Rolle. Sofern du das nicht ohnehin selbst bist, frag nach und hol die Gründer beim Finden der Unternehmenswerte unbedingt mit ins Boot!

Werteliste

Erstelle gemeinsam mit deinem Team eine Werteliste. Schreib alle Werte nieder, die von deiner Belegschaft genannt werden. Natürlich gibt es auch dafür Vorlagen, ich rate dir aber dazu, lieber selbst eine Liste anzulegen. Du kannst zum Beispiel eine Excel-Tabelle vorbereiten und diese an jeden Mitarbeiter ausschicken. Bitte darum, spätestens innerhalb einer Woche zu antworten, und lass deine Kollegen währenddessen überlegen, welche Werte sie dem Unternehmen zuordnen würden. Du wirst wahrscheinlich überrascht sein, welche Ergebnisse zutage gefördert werden. Nutze diese Rückmeldungen als Basis für die Weiterarbeit.

Verfeinere diese Listen und werte aus, was zu deinem Unternehmen passt: Natürlich kann das Auswerten sämtlicher Antworten, die du von deinen Mitarbeiterinnen zurückbekommst, je nach Größe deines Unternehmens einiges an Arbeit bedeuten. Aber lass dich davon nicht entmutigen – es lohnt sich auf alle Fälle! Manche Werte kannst du wahrscheinlich streichen, andere, die mehrmals genannt werden, haben dafür eine umso höhere Priorität. Analysiere genau und fasse die Listen übersichtlich zusammen.

Veröffentlicht eure Werte

Nach all der getanen Arbeit kommen wir jetzt zum wichtigsten Teil: der Veröffentlichung deiner Unternehmenswerte! Es ist entscheidend, diese Werte offen und transparent zu kommunizieren. Mach sie jedem deiner Mitarbeiter zugänglich. Wir bei Adstark haben beispielsweise insgesamt sieben Werte ermittelt, die groß auf einer unserer Wände im Office stehen. Zeige deutlich, wofür du stehst!

Der Computergigant Microsoft stellt seine Unternehmenswerte öffentlich zur Schau. Das bedeutet, die drei Unternehmenswerte - Respekt, Integrität und Rechenschaftspflicht - sind nicht nur für die Mitarbeiter selbst, sondern im Grunde genommen für die ganze Welt ersichtlich. Menschen, die sich von diesen Werten abgeschreckt fühlen, werden nicht versuchen, mit dem Unternehmen ins Geschäft zu kommen oder gar für es zu arbeiten.

Werte, die offen kommuniziert werden, können und sollen dir dabei helfen, die richtigen Menschen anzuziehen.

Bei Adstark setzen wir ebenfalls auf transparent kommunizierte Unternehmenswerte, mit denen wir nicht nur unsere eigenen Mitarbeiter motivieren möchten, sondern gleichzeitig die richtigen Menschen für eine Zusammenarbeit anziehen wollen.

Die Hauptsäule unserer Wertestruktur besteht aus dem Schlagwort „Innovation". Die Weiterentwicklung unseres Unternehmens, aber auch die unserer Mitarbeiter, steht somit als Basis über allen anderen Werten. Bei Adstark legen wir den Fokus auf eine permanente Weiterentwicklung.

Neben der Innovation finden sich noch folgende Werte an unserer Wand:

Unbestechliche Loyalität: *Wir stehen in guten wie in schweren Zeiten zueinander und halten als Team zusammen.*

Ehrlichkeit: *Der Grundstein einer jeden Beziehung! Deshalb gehen wir offen und ehrlich miteinander um. Egal, ob im internen oder externen Kontext.*

Transparenz: *Durch offene und vor allem transparente Kommunikation im Team arbeiten wir gemeinsam an unserer Mission.*

Begeisterung: *Das wertvollste Gut überhaupt ist Zeit. Deswegen sind wir alle aus vollster Überzeugung bei der Arbeit. Wir wollen Menschen mit Begeisterung anziehen und diese auch in unserem täglichen Tun leben. Unsere Zeit ist begrenzt, deshalb wollen wir mit Begeisterung und Lust am Job arbeiten.*

Verantwortung: *Wir möchten mit Menschen arbeiten, die bereit sind, Verantwortung für ihr Handeln zu übernehmen – und das ab Tag eins der Zusammenarbeit. Wir lernen aus Fehlern und pflegen eine Fehlerkultur, in der Angst und Scham keinen Platz haben.*

Mission: *Wir wollen jeder Aufgabe, derer wir uns annehmen, bestmöglich gerecht werden. Wir lassen uns an unseren Ergebnissen messen und bieten die besten Lösungen. Kundenwünsche zu erfüllen sehen wir als unsere Mission. „Mission" ist in diesem Fall ein Wert, den wir vertreten. Doch wir haben natürlich auch ein Mission-Statement, das du weiter hinten findest.*

Du siehst anhand unserer hauseigenen Werte, wie Unternehmenswerte gestaltet sein können. Vielleicht dienen dir unsere Werte als Inspiration, vielleicht erkennst du dein Unternehmen in dem einen oder anderen Punkt auch wieder, vielleicht passt manches gar nicht zu euch. Wie auch immer das Ergebnis eurer Wertefindung aussieht: Habt Spaß daran und traut euch, nach diesen Werten zu handeln und zu arbeiten!

Wenn du es selbst ausprobieren möchtest, schau doch einfach in unser Online-Workbook.

Werte als Arbeitgeber

Hierbei soll vermittelt werden, wofür das Unternehmen als Arbeitgeber steht. Es reicht nicht aus, Werte einfach nur aufzuzählen. Stattdessen sollen die Kandidaten spüren, dass es sich bei dir um einen authentischen Arbeitgeber handelt, der seine Werte nicht nur auf seine Homepage schreibt, sondern diese wirklich lebt.

Das heißt, es soll (beispielsweise mittels einer kleinen Geschichte) zum Ausdruck gebracht werden, wie diese Werte im Unternehmen gelebt werden. Auf diese Art und Weise hebt sich das Unternehmen als authentischer Arbeitgeber von der Konkurrenz ab und schafft Persönlichkeit und Vertrauen.

Definition von Werten:

„Unternehmenswerte sind die Grundprinzipien, die festlegen, wie ein Unternehmen an die Themen Arbeit, zwischenmenschliche Zusammenarbeit und Wohlbefinden der Mitarbeiter herangeht.

Die Grundwerte des Unternehmens geben den Ton für die Zusammenarbeit und die Übernahme von Verantwortung für die Tätigkeit im Unternehmen an."

Und hier kommt es nun, unser Mission-Statement!

Unsere Mission ist es, Unternehmen dabei zu helfen, am Markt sichtbarer und attraktiver zu sein und gleichzeitig das Problem von fehlenden Talenten zu lösen. Wir glauben daran, dass Unternehmen und Talente zueinanderfinden müssen, um gemeinsam eine bessere Zukunft zu gestalten.

Daher setzen wir uns leidenschaftlich dafür ein, Unternehmen dabei zu unterstützen, ihre Identität und ihre Stärken herauszuarbeiten und sie auf eine Weise zu präsentieren, die Menschen inspiriert und motiviert. Indem wir die perfekte Brücke zwischen Unternehmen und Talenten herstellen, helfen wir, die Zukunft der Arbeit positiv zu gestalten. Gleichzeitig arbeiten wir hart daran, uns als vertrauenswürdiger Partner zu etablieren, der seinen Kunden dabei hilft, erfolgreich durch neue Talente und neue Kunden zu wachsen. Unsere Mission ist es, einen Beitrag zur Schaffung einer Welt zu leisten, in der Unternehmen und Talente Hand in Hand arbeiten und gemeinsam eine bessere Zukunft gestalten können.

Fazit

Du siehst, beim Employer Branding kannst du enorm viel richtig machen – und manches kann falsch laufen, wenn du nicht aufpasst. Unterm Strich geht es immer wieder darum, dich zu zeigen. Dich im besten Licht zu zeigen. Die Werte deines Unternehmens zu kommunizieren. Und das alles so offen und einzigartig wie möglich.

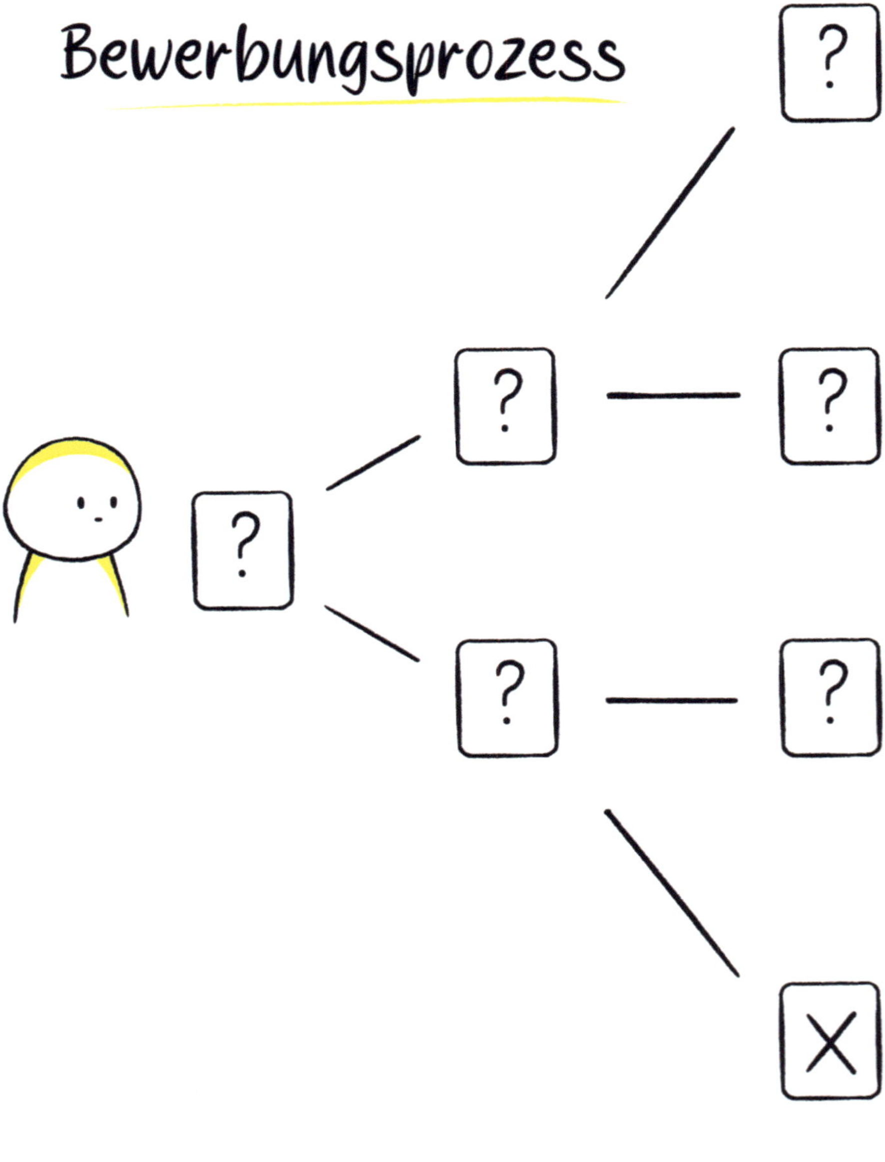
Bewerbungsprozess

Teil 6: Wie kann ein Bewerbungsprozess gut funktionieren?

Wieso braucht man einen gut funktionierenden Bewerbungsprozess?

Stell dir vor, du bewirbst dich bei deinem absoluten Traumunternehmen. Du möchtest unbedingt in dieser Firma arbeiten. Die Produkte, die dieses Unternehmen herstellt, verwendest du oft selbst. Du magst die Marke und fühlst dich ihr verbunden.

Nachdem du deine Bewerbung abgeschickt hast, vergeht eine Woche, doch nichts passiert. Du fragst dich, ob deine Bewerbungsunterlagen möglicherweise untergegangen sind, und hakst höflich nach. Doch wieder kommt keine Antwort. Und selbst nachdem du ein zweites Mal nachgefragt hast, bekommst du noch immer keine Rückmeldung.

Wie fühlst du dich nach dieser Erfahrung? Wahrscheinlich nicht sehr wertgeschätzt, oder?

Nachdem du dich weiter geduldet hast, erhältst du schließlich gut zwei Wochen später die erste magere Rückmeldung: „Sehr geehrte Frau Schiller, vielen Dank für Ihr Interesse an unserem Unternehmen. Wir würden uns freuen, wenn Sie uns noch weitere Unterlagen übermitteln …"

Puh – das strapaziert deine Geduld wahrscheinlich ganz schön! Weil du nun aber das Unternehmen wirklich magst, nimmst du dir die Zeit und übersendest die gewünschten Dokumente. Und wieder bekommst du eine gefühlte Ewigkeit lang keinerlei Rückmeldung dazu.

Nach wochenlangem Warten hast du vielleicht Glück und wirst schlussendlich eingeladen. Falls du Pech hast, folgt allerdings lediglich eine knappe Absage.

Im Falle einer Zusage wirst du die negativen Erfahrungen des Bewerbungsprozesses nach einiger Zeit vergessen haben. Du wirst über die Startschwierigkeiten hinwegsehen, dich auf die künftige Zusammenarbeit freuen und keinen Gedanken daran verschwenden, dass ein Bewerbungsprozess von fünf Wochen oder mehr eigentlich Mist ist.

Aber stell dir vor, du wirst nicht eingestellt – und das nach so einem Aufwand! Was löst das in dir aus? Nun, wahrscheinlich hat sich dein Bild von diesem Unternehmen drastisch geändert. In Zukunft verlierst du womöglich kein gutes Wort mehr über diese Marke. Diese negative Erfahrung kann nicht so einfach ausgelöscht werden. Irgendwann beginnt ein schlecht funktionierender Bewerbungsprozess also tatsächlich, negativ auf die Arbeitgebermarke abzufärben.

Nun stell dir vor, du bewirbst dich in der Zwischenzeit auch noch bei einem anderen Unternehmen, das auf einen smarten und schnellen Bewerbungsprozess setzt: Mit nur wenigen Klicks auf dem Handy ist bereits von deinem Sofa aus der erste Kontakt hergestellt. Schon am nächsten Tag meldet sich eine Mitarbeiterin bei dir und erklärt dir, wie es weitergeht. Von Anfang an sind alle Schritte klar kommuniziert und transparent. Ihr vereinbart einen zeitnahen Termin, um euch kennenzulernen. Alles läuft rund. Selbst, wenn in diesem Fall eine Absage kommt, bleibt dir zumindest ein positiver Bewerbungsprozess in Erinnerung.

Ein guter und schneller Bewerbungsprozess macht einen enormen Unterschied! Deshalb solltest du genau darüber nachdenken, wie solch ein optimaler Bewerbungsprozess für euer Unternehmen funktionieren kann.

In diesem Kapitel werde ich dir dazu ein paar Anregungen bieten und den Prozess präsentieren, den wir bei Adstark nutzen und bereits hundertfach erprobt haben.

Warum ist ein einfacher und smarter Bewerbungsprozess so wichtig?

Nehmen wir einmal an, du schaltest zufälligerweise nahezu zur gleichen Zeit wie dein Branchenkonkurrent ein paar Stellenausschreibungen. Ihr habt bei der Suche nach neuen Mitarbeiterinnen auch genau dieselbe Zielgruppe im Fokus, sodass sich Überschneidungen kaum vermeiden lassen.

Was bewegt nun die Interessenten dazu, sich bei deinem Unternehmen zu bewerben, anstatt beim Mitbewerber aufzuschlagen? Im Grunde lieben Menschen einzigartige Erlebnisse – auch bei Bewerbungen.

Schaffst du es also, dich durch einen wohlüberlegten und smarten Bewerbungsprozess vom Rest der Branche abzuheben, stehen deine Chancen nicht schlecht, die Toptalente der Zukunft für dich gewinnen zu können.

Natürlich ist es wichtig, dass du dir eine gute und vor allem attraktive Arbeitgebermarke (siehe Kapitel „Employer Branding") aufbaust. Das allein reicht jedoch nicht aus, um mögliche Konkurrenten bei der Suche nach potenziellen Mitarbeitern zu überholen. Erst ein guter Bewerbungsprozess wird hier den Ausschlag geben!

Damit du noch besser verstehst, warum ich dir einen smarten Bewerbungsprozess ans Herz lege, möchte ich dir die fünf wichtigsten Argumente dafür nennen, die dich im besten Fall gleich ins Tun bringen.

Unkompliziert

Kandidaten erwarten einen einfachen und unkomplizierten Bewerbungsablauf. Durch das stetige Voranschreiten der Technologien neigen wir dazu, das Einfache und Unkomplizierte vorzuziehen. Große Konzerne nutzen diese Tatsache schon länger für sich, doch auch du kannst und solltest auf smarte und einfache Bewerbungsprozesse setzen.

Schnell und konkurrenzfähig

Um zu verhindern, dass sich Toptalente deinem Branchenkonkurrenten zuwenden, musst du dir Gedanken über deinen Bewerbungsprozess machen. Ist dieser in deinem Unternehmen langwierig und chaotisch, verlieren die Kandidatinnen rasch ihr Interesse. Frage dich daher, wie du den Bewerbungsprozess optimieren kannst, damit er schneller und vor allem konkurrenzfähiger wird.

Interne Zufriedenheit

Auch intern kann ein chaotischer Bewerbungsprozess Unmut auslösen. Mitarbeiter, die sich tagein, tagaus mit einem komplizierten und langweiligen Bewerbungsprozess auseinandersetzen müssen, werden auf Dauer frustriert sein. Es macht einfach keinen Spaß, so zu arbeiten. Menschen lieben geordnete Abläufe, darum biete ein ordentliches und übersichtliches System - sowohl nach innen als auch nach außen.

Zeit ist Geld

Deshalb sei möglichst effizient! Je effizienter deine Mitarbeiter (oder auch du selbst) arbeiten können, umso besser. So lassen sich mit denselben Ressourcen mehr Bewerbungen bearbeiten, und du kannst dir in Summe einen größeren Bewerberpool aufbauen und mit diesem auch Kontakt halten.

Nur wenn dein System klar strukturiert ist, kann es auch effizient funktionieren.

Innovation zeigen

Die Generationen Z und Alpha sind es gewohnt, alles schnell und vor allem ohne lange Wartezeit zu erhalten. Dieser Wandel muss gleichfalls in deinem Bewerbungsprozess abgebildet sein. Zeige schon jetzt, dass du innovativ bist und die Zeichen der Zeit verstanden hast.

Worauf muss ich achten, um einen smarten und einfachen Bewerbungsprozess zu etablieren?

Damit du weißt, worauf du und deine Recruiting-Mitarbeiter achtgeben müssen, damit euer Bewerbungsprozess in Zukunft nicht nur einfach, sondern auch smart ist, habe ich für dich an dieser Stelle ein paar wichtige Punkte zusammengefasst:

Aufschreiben

Nimm dir die Zeit und skizziere deinen bestehenden Bewerbungsprozess auf einem Blatt Papier. Halte darauf fest, wie dieser momentan abläuft, und überlege dir, wie es in Zukunft sein könnte. Vereinfache den Prozess und kürze, wo immer es möglich ist, die Abläufe ab. Durch das Aufschreiben des bestehenden Prozesses bekommst du ein Gefühl für den Stand der Dinge, und eine Veränderung wird dir so leichter fallen.

Checken

Überprüfe, ob dein Bewerbungsprozess unnötige Hürden beinhaltet. Wenn ja, beseitige diese unverzüglich! Bedenke dabei, dass die Zoomers – aber natürlich nicht nur diese – fast ausschließlich das Smartphone nutzen, um im Internet zu surfen. Ist dein Prozess nicht dafür optimiert, bleibst du auf der Strecke. Es ist wichtig, dass deine Prozesse kurz sind, ohne dass dabei sofort ein Lebenslauf oder ein Anschreiben verschickt werden muss. Das bedeutet nicht, dass du komplett auf diese Unterlagen verzichten sollst – aber es ist nicht unbedingt notwendig, diese gleich beim Erstkontakt einzufordern. Die wenigsten Menschen haben ihren aktuellen Lebenslauf auf dem Smartphone abgespeichert. Bewirbt sich jemand via Handy für eine offene Stelle und du verlangst bereits an diesem Punkt des Bewerbungsprozesses derartige Dokumente, wird er höchstwahrscheinlich abspringen.

Individuell

Passe deine Stellenausschreibungen stets individuell an die gerade vakante Position an. In den meisten Unternehmen wird irgendwann einmal eine Art Blaupause für alle künftigen Stellenausschreibungen gebastelt, die dann immer und immer wieder zum Einsatz kommt – egal, welche Stelle besetzt werden soll. Das ist eine maßgebliche Fehlerquelle! Eine Stellenbeschreibung muss klar und prägnant sein. Fähigkeiten und Erfahrungen, die gefordert werden, müssen gut erkennbar sein. Mit den passenden Keywords erreichst du die richtige Zielgruppe. Mit einer 08/15-Stellenausschreibung wird dir das kaum gelingen.

Smartphone-Optimierung

Setze unbedingt auf Smartphone-Optimierung für deinen Bewerbungsprozess. Bedenke, dass über 70 Prozent der Generation Z vorwiegend das Handy nutzen und dass dies auch bei anderen Generationen immer mehr zur Norm wird. Eine Kontaktseite ohne mobile Optimierung ist somit ein absoluter Killer. Aber Achtung: Eine Desktopseite, die nur handy-kompatibel ist, ist nicht automatisch auch optimiert!

Ist eine Webseite kompatibel, bedeutet das lediglich, dass die Desktopansicht so verändert wurde, dass sie auch auf dem kleineren Smartphone-Bildschirm adäquat angezeigt werden kann. Auf dem Desktop sieht ein geschriebener Absatz in diesem Fall ansprechend und kurz aus. Der gleiche Absatz wird auf einem Smartphone verzerrt und es wirkt, als müsse man ein ganzes Buch lesen. Für Mobiltelefone optimierte Seiten hingegen sind direkt auf das kleine Smartphone-Display zugeschnitten und wirken optisch ansprechend.

Zeitnah

Kommuniziere möglichst zeitnah mit deinen Interessenten! Oftmals dauert die Antwort der Unternehmen viel zu lange. Im schlechtesten Fall bewirbt sich die Person, die auf deine Rückmeldung wartet, einstweilen bei einem anderen Unternehmen und verliert das Interesse an deiner Vakanz. Also: Kommuniziere, kommuniziere, kommuniziere!

Automatisierung

Du fragst dich nun sicherlich, wie du das alles schaffen sollst? Eine Lösung könnte die Automatisierung von Abläufen sein. Wir bei Adstark setzen schon länger darauf und haben festgestellt, dass unser Team mehr Zeit für die wesentlichen Aufgaben zur Verfügung hat, wenn wir den Mitarbeitern wiederkehrende Abläufe mithilfe von automatisierten Prozessen abnehmen.

Das können zum Beispiel Empfangsbestätigungen sein, die automatisch an Interessentinnen verschickt werden. Wichtig ist dabei aber, dass dein Gegenüber nicht unbedingt merkt, dass es sich um eine automatisierte Nachricht handelt. Vielmehr sollte die Mail so aussehen, als hättest du sie persönlich aus deinem Mailpostfach versendet!

Datenschutz

Und schließlich auch an dieser Stelle wieder der Datenschutz. Ja, ich weiß - dieses Thema würden die meisten von uns am liebsten ausklammern. Aber in einem seriösen Bewerbungsprozess müssen nun einmal die entsprechenden Datenschutzrichtlinien eingehalten werden. Beispielsweise musst du sicherstellen, dass die Daten deiner Bewerber tatsächlich nachhaltig gelöscht werden - das heißt auch von deinem Server, sonst kann dich das teuer zu stehen kommen. Informiere dich daher unbedingt bei einem Experten und stelle sicher, dass du datenschutzrechtlich gut aufgestellt bist. Vor allem, wenn du vorhast, dir einen Bewerberpool anzulegen und du damit Daten längerfristig speichern möchtest.

Was sind typische Fehler von Recruiting-Abteilungen?

Immer wieder stoßen wir in Bewerbungsprozessen auf dieselben Fehler, die zu absoluten Killern für ein Unternehmen werden können. Einige Recruiting-Abteilungen wissen nicht, dass sie gerade etwas falsch machen, und stolpern blind in die Falle. Damit dir und deinem Unternehmen das nicht passiert, findest du hier die sechs häufigsten Fehler, die es unbedingt zu vermeiden gilt:

Schlechte Stellenausschreibung

Du veröffentlichst eine schlechte Stellenausschreibung. Ist deine Anzeige langweilig und emotionslos formuliert, wird sie kaum dynamische und motivierte Talente hinter dem Ofen hervorlocken. Lass dich von unserem Workbook inspirieren und finde heraus, wie du deine Ausschreibungen in Zukunft attraktiver gestalten kannst!

Schlechte Kommunikation

Die Kommunikation zwischen deinen Kandidaten und dir ist unzulänglich. Achte unbedingt darauf, dass deinen Bewerbern klar ist, wer ihr Ansprechpartner ist. Nichts ist für Interessenten ärgerlicher, als ständig mit jemand anderem sprechen zu müssen. Lege eindeutig fest, wer für den Bewerbungsprozess verantwortlich ist, und bestimme im besten Fall eine Vertretung für den Urlaubs- und Krankheitsfall.

Fehlende Sichtbarkeit

Deine Ausschreibungen sind nicht sichtbar. Oft verwenden Recruiting-Abteilungen teure Tools, um ihre Ausschreibungen rasch zu veröffentlichen. Dabei vergessen sie aber, auf die Sichtbarkeit ihrer Anzeige zu achten. Wenn niemand deine Vakanzen sieht, wird sich auch niemand bewerben!

Langwieriger Bewerbungsprozess

Dein Bewerbungsprozess dauert eine gefühlte Ewigkeit. Zwei Dinge sind zu beachten, sofern du potenzielle Talente nicht verlieren willst: Achte erstens darauf, möglichst rasch auf jede eingegangene Bewerbung zu reagieren. Gestalte zweitens sämtliche Schritte, die für eine Bewerbung bei dir erforderlich sind, so leicht wie möglich. Das heißt zum Beispiel, dass eine Interessentin sich mittels weniger müheloser Klicks bei dir bewerben kann, ohne sich zuvor erst langwierig auf deiner Karriereseite registrieren zu müssen. Letzteres ist übrigens ein absoluter Conversion-Killer!

Schlechte interne Kommunikation

Die Kommunikationskanäle in deiner Recruiting-Abteilung sind insuffizient. Die vergangene Pandemie hat es uns gezeigt: Von einem auf den anderen Tag saßen wir alle an verschiedenen Orten und arbeiteten von unterschiedlichen Plätzen aus. Was man früher schnell und einfach persönlich besprechen konnte, musste nun umständlicher – per Mail, WhatsApp oder Anruf – geklärt werden. Homeoffice ist nach wie vor populär, jedoch funktionieren noch immer nicht alle Prozesse reibungslos. Die Folge sind nicht nur zeitliche Verzögerungen, sondern Kommunikationsfehler. Natürlich ist man vor dieser Art von Missverständnissen auch dann nicht zu 100 Prozent gefeit, wenn man zusammen im Büro sitzt. Allzu oft versteht man schnell mal etwas falsch … Achte daher unbedingt darauf, dass sämtliche Abläufe gut dokumentiert und für alle nachvollziehbar sind.

Falsche Einstellung

Du denkst möglicherweise immer noch, dass wir gegenwärtig in einem Arbeitgebermarkt leben. So sehr es dich vielleicht enttäuschen mag, aber das Blatt hat sich gewendet: Seit einiger Zeit leben wir in einem sogenannten Arbeitnehmermarkt. Das heißt, die Unternehmen bewerben sich jetzt im Grunde bei ihren zukünftigen Mitarbeitern – nicht umgekehrt. Daher ist es unbedingt notwendig, dass du viel Wert auf das Bewerbungserlebnis deiner Kandidaten legst.

Ich vergleiche das Bewerbungserlebnis gerne mit einer Achterbahnfahrt: Niemand möchte lange warten, sondern am liebsten unverzüglich einsteigen. Wenn du schon von Weitem eine lange Schlange vor dem Ticketverkauf siehst, dann sackt deine Laune gleich einmal in den Keller. Wenn du aber schließlich einsteigst und die Fahrt deines Lebens genießt, vergisst du ganz schnell die vorangegangene Wartezeit. Achte daher unbedingt darauf, dass du mit deinem Bewerbungsprozess eine positive Erinnerung formst. Am besten beginnst du damit, dass du deine Bewerberinnen nicht Schlange stehen lässt. ;-)

Was soll ich als Führungskraft unbedingt beachten, damit mir keine Fehler im Bewerbungsprozess passieren?

Nun hast du jede Menge zu den absoluten No-Gos in Recruiting-Abteilungen gelesen. Das soll dich aber auf keinen Fall entmutigen – schon gar nicht, wenn du beim Lesen über den ein oder anderen Fehler gestolpert bist, den du in deinem Unternehmen vielleicht selbst bereits gemacht hast. Keine Sorge, davon geht die Welt nicht unter!

Ich möchte dir ein paar Tipps an die Hand geben, die du sofort umsetzen kannst:

Sei authentisch!

Authentizität ist das A und O in fast allen Bereichen deines Unternehmens. Zeige dich und kommuniziere klar und deutlich, wie es in deinem Unternehmen läuft. Wecke keine falschen Erwartungen und dokumentiere ehrlich, wie eure Prozesse gestaltet sind. Wenn du im Bewerbungsprozess falsche Erwartungen weckst, wird ein Großteil der neuen Talente bereits während oder kurz nach der Probezeit das Weite suchen. Menschen merken, wenn jemand nicht mit offenen Karten spielt!

Verstehe deine Zielgruppe!

Nur wenn du genau weißt, was deine Zielgruppe möchte, kannst du auch in ihrer Sprache kommunizieren und ihre Erwartungen erfüllen. Finde heraus, wo die Motivation deiner Zielgruppe liegt, und zeige, warum jemand in dein Unternehmen wechseln sollte. Stell dir am besten selbst diese Frage und beantworte sie überzeugend – das ist bereits die halbe Miete!

Reagiere schnell!

Nur wer schnell auf Bewerbungen reagiert, wird in Zukunft mit den Toptalenten seiner Branche zusammenarbeiten. Oft machen wir bei Adstark die Erfahrung, dass die Reaktionszeiten unserer Kunden auf eingegangene Bewerbungen viel zu lange sind. Niemand verlangt von dir, dass du im Stundentakt auf die Bewerbungen deiner Interessenten reagierst. Setze dir aber auf alle Fälle eine realistische Deadline. Wir empfehlen hier im Übrigen eine Reaktionszeit von maximal 24 Stunden.

Was ist ein interaktiver Bewerbertrichter?

Wie das Wort schon vermuten lässt, haben wir hier auf der einen Seite einen potenziellen Bewerber und auf der anderen Seite einen sogenannten Trichter (auf Englisch „Funnel").

Ein solcher Trichter ist meist so aufgebaut, dass man von oben viel hineinfüllen kann, unten jedoch wesentlich weniger herauskommt. Ähnlich verhält es sich mit einem Bewerbertrichter: Wir starten mit einer gewissen Anzahl von interessierten Bewerbern, von denen zum Schluss nur die besten herausgefiltert werden.

Es gibt unterschiedliche Formen von Bewerbertrichtern. So setzen wir bei Adstark beispielsweise auf für Mobiltelefone optimierte Funnels.

Warum? Dieses Thema hatten wir bereits: Gerade die Generationen Z und Alpha erwarten sich einen schnellen und einfachen Bewerbungsprozess, der vom Handy aus zu bewerkstelligen ist. Daher muss der Bewerbertrichter unbedingt darauf ausgerichtet sein, dass dies auch problemlos funktioniert. Und dies wiederum setzt voraus, dass eine für das Smartphone geeignete Landingpage existiert, auf die die Bewerber geleitet werden.

In der Regel sind die Bewerbertrichter interaktiv aufgebaut. Das bedeutet, dein Bewerber füllt nicht einfach nur ein Formular aus, sondern lässt sich auf ein kleines Gespräch mit der KI ein. Du könntest zum Beispiel so starten: „Hi, wir sind die Beispiel GmbH und suchen dich als neuen Produktionsleiter! Wir entwickeln Kosmetikprodukte, die den Menschen dabei helfen, eine strahlende Haut zu bekommen. Wie klingt das für dich? Möchtest du mehr erfahren?"

Falls der User nun tatsächlich mehr darüber wissen möchte, klickt er auf einen Button, der ihn weiterführt. Auf der nächsten Seite kann er dann zusätzliche Informationen über das Unternehmen einholen. Bedenke dabei, dass die Nutzer deine Inhalte höchstwahrscheinlich über ihr Smartphone konsumieren. Setze daher unbedingt Videos und Bilder ein, welche die Aufmerksamkeit deiner Bewerber einfangen.

Viele Bewerber scrollen vielleicht am Abend vor dem Fernseher nebenbei auf dem Smartphone und stolpern dabei über deine Ausschreibung. Wenn nun diese nicht sofort die Aufmerksamkeit auf sich zieht – und das trotz möglicher Ablenkungen durch Fernseher, Familie oder Spiele –, verschwindet sie einfach wieder aus den Köpfen der betreffenden Personen. Achte jedenfalls darauf, deine Seite nicht zu überladen, sondern motiviere deine Bewerber vielmehr durch ein ansprechendes Design, sich gleich bei dir bewerben zu wollen.

Eine besondere Erfolgsgeschichte ist uns beispielsweise bei der Motherson Group gelungen: Innerhalb von nur zwei Monaten konnte das Unternehmen mithilfe von Adstark mehr als 15 Lageristen einstellen. Unter anderem mittels Storys und Feed-Beiträgen sowie dank unserer Hintergrund- und Prozesstechnologie erreichten wir fast 60.000 Menschen aus der Zielgruppe. Insgesamt kamen weit über 100 Bewerbungen zusammen, und die Motherson Group konnte sich ihre Topkandidaten heraussuchen.

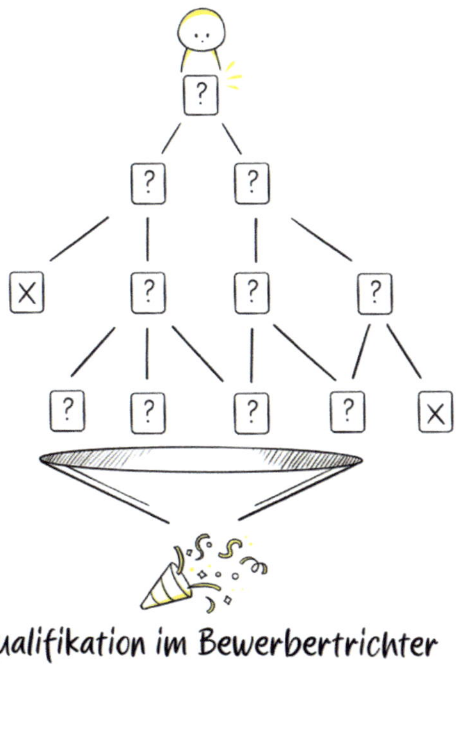

Qualifikation im Bewerbertrichter

Wie verläuft der Bewerbungsprozess mit einem Bewerbertrichter?

Im gesamten Bewerbungsprozess ist es von größter Wichtigkeit, verständlich und einfach zu kommunizieren. Dies gilt ebenfalls für den Bewerbertrichter. Konzentriere dich stets auf das Wesentliche, überlade deine Designs nicht und verwende die Sprache deiner Zielgruppe.

Tappe nicht in die Falle, zu glauben, du müsstest für höherqualifizierte Stellen hochtrabende Ausschreibungen formulieren. Auch hier gewinnt die Einfachheit! Stell dir vor, dein Bewerber liest deine Anzeige, während er seinen Feierabendspaziergang macht. Er hat einen harten Arbeitstag hinter sich und möchte einfach nur abschalten. Eigentlich hat er gar nicht vor, sich um eine neue Stelle umzuschauen – er ist lediglich ein passiv Suchender, stolpert aber über deine ansprechende Kampagne und wird neugierig. Überhäufst du ihn nun mit komplizierten Fachwörtern und langwierigen Fragen, wird er garantiert abspringen. Niemand hat am Abend noch Lust, die Anforderungen deiner Stellenausschreibung zwei- oder dreimal zu lesen, um sie überhaupt zu verstehen. Das frustriert und schreckt potenzielle Bewerberinnen ab.

Achte daher lieber darauf, deine Arbeitgebermarke im Bewerbertrichter widerzuspiegeln, und punkte bei deiner Zielgruppe mit einer attraktiven Employer Brand.

Worauf soll ich beim Bau eines Bewerbertrichters achten?

Ein guter Bewerbertrichter kommuniziert klar und direkt, worum es geht. Wenn du eine Werbeanzeige siehst, die dich in einem Maße anspricht, dass du darauf klickst, öffnet sich der Bewerbertrichter.

Hier solltest du auf den ersten Blick erkennen, ob die Botschaft für dich interessant ist oder nicht, andernfalls ist die Wahrscheinlichkeit sehr hoch, dass du das Interesse verlierst.

Das kann zum Beispiel passieren, wenn mit unpassenden Bildern oder Videos geworben wird. Haben die Abbildungen nichts mit der eigentlichen Stelle zu tun, dann sprechen sie eine andere Zielgruppe an, die sich entweder gar nicht bei dir bewerben möchte oder die nicht zu deinem Unternehmen passt.

Deshalb ist es wichtig, dass dein Bewerbertrichter eins zu eins mit deiner Werbung auf den Social Media korrespondiert. Führe deine Interessenten mit einer einfachen Frage in deinen Trichter. Diese kann zum Beispiel lauten: „Suchst du einen neuen Job?"

Biete dann zwei Antwortmöglichkeiten zu Auswahl – nicht mehr! Wirkt deine Startseite überladen, vergeht potenziellen Bewerberinnen rasch die Lust, sich hier lange aufzuhalten. Sie fühlen sich bald überfordert und steigen wieder aus.

Bringe deinen Content auf den Punkt. Übertreibe nicht mit einer Fülle an Informationen, sondern kläre im Vorfeld ab, ob dein Bewerber überhaupt mehr über das Unternehmen wissen möchte. Vielleicht ist er ja bereits sehr gut informiert und möchte lieber gleich auf die Bewerbungsseite geleitet werden, anstatt deine ausführliche „Über uns"-Seite zu lesen. Respektiere den Wunsch deiner Nutzer!

Falls du in einem ersten Schritt deines Bewerbungsprozesses zunächst auf Quantität – also auf eine Vielzahl an eingehenden Bewerbungen – setzt, musst du andere Fragen stellen, als wenn du auf einige wenige, dafür aber qualifizierte Bewerbungen aus bist.

Wenn du Quantität anstrebst, empfiehlt sich Folgendes:

- **Stell einfache Fragen ohne große Logiksprünge.**

Erkundige dich zum Beispiel danach, ob die Bewerberin eine bestimmte Ausbildung vorweisen kann. Klickt sie hier auf Nein, kann sie dennoch weiterkommen, wenn du vielleicht auch Quereinsteiger in dein Unternehmen holen möchtest.

Falls du ganz grundsätzlich an vielen Bewerbungen interessiert bist, kannst du Ausschlussfragen überhaupt ausklammern. In diesem Fall ist es auch möglich, entweder völlig auf eine Arbeitgebermarkenseite zu verzichten oder die Möglichkeit zu bieten, diese einfach zu überspringen. Falls deine Interessentin bereits ausreichend Informationen über dein Unternehmen hat, benötigt sie diese Seite nicht und will wahrscheinlich gleich zur Bewerbung weiter. Muss sie sich hingegen länger auf deiner Arbeitgebermarkenseite aufhalten, als sie möchte, kann das eher zu Absprüngen im Prozess führen.

Setzt du hingegen auf eine hohe Qualität bei den zu erwartenden Bewerbungen, dann empfehle ich dir dieses Vorgehen:

- **Stell Fragen, die auf Logiksprüngen aufbauen.**

Füge zudem eventuell Barrieren ein, die all jene Interessenten herausfiltern, die deiner Ansicht nach nicht zu euch passen. Ich persönlich bin kein großer Fan davon, denn auf diese Weise siebst du automatisch auch Quereinsteiger aus, die dennoch topqualifizierte Kandidaten für deine offene Stelle sein könnten. Behalte dies stets im Hinterkopf, wenn du beabsichtigst, solche Barrieren einzubauen. Natürlich können diese in gewissen Fällen durchaus sinnvoll sein. Handelt es sich beispielsweise um eine Jobvakanz, bei der ein Autoführerschein unbedingt vorhanden sein muss, weil sich der künftige Mitarbeiter viel im Außendienst aufhalten wird, dann solltest du diese Barriere in deinen Bewerbertrichter einbauen. Kommuniziere auch deutlich die Werte deines Unternehmens; identifiziert sich jemand nicht damit, wird er gar nicht auf die Idee kommen, sich bei dir zu bewerben.

Ein weiterer Tipp, um dein Bewerberfeld einzugrenzen, sind offene Fragen, bei denen die Interessenten in einen Tipp-Flow kommen müssen. Stelle daher eine offene Frage wie zum Beispiel: „Was motiviert dich?", und lass die Kandidaten ein freies Feld befüllen.

Bevor jemand in den Tipp-Flow kommt, gibt es zunächst einen Klick-Flow. Von einem Klick-Flow spricht man, wenn Nutzer zu einer Bewegung – einem Klick – animiert werden. Es muss also zu einem Ablauf kommen, der zum Beispiel eine Reihe von interessanten Fragen beinhaltet, die dazu motivieren, sich bis zum Schluss durchzuklicken und sich zu bewerben. Befindet sich jemand im Klick-Flow, geht er alle Fragen vom Anfang bis zum Ende durch. Das setzt voraus, dass der Ablauf spannend aufgebaut ist.

Ein Tipp-Flow entsteht dann, wenn sich eine Person bereits im Klick-Flow befindet: Hat sie sich bis zum Schluss durchgeklickt, wird sie im Tipp-Flow schließlich dazu animiert, auch ihre Daten in ein Formular einzugeben. Besonders gut ist es daher, schon im Vorfeld die eine oder andere kurze offene Frage einzubauen, da man für deren Beantwortung am Handy meist beide Hände auf das Display bringen muss. Kommt die Person schließlich zum letzten Kontaktfeld, sind bereits beide Hände am Handy und bereit, draufloszutippen. Die Absprungrate reduziert sich dadurch um einiges – der Tipp-Flow ist bereits voll im Gang.

Zusätzlich könntest du eine Frage auch als sogenannte „Pflichtfrage" deklarieren – das heißt, dass deine Interessenten sie nicht umgehen können, wenn sie den Prozess fortsetzen wollen. Solche Textfragen vermögen viel über die Motivation der Bewerber auszusagen.

So gibt es meist drei Typen von Menschen bei der Beantwortung dieser offenen Fragen: 1) Personen, die nur ein einziges Wort oder ein paar Stichwörter in das Feld schreiben, 2) Personen, die einen vollständigen Satz schreiben, und 3) Personen, die ein kleines (oder größeres) Motivationsschreiben hinterlassen. Auch daran kannst du übrigens erkennen, wie wichtig jemandem dieser Job ist. Baue bei diesen Fragen am besten immer ein paar Emotionen ein, anstatt dich rein über ihre Qualifikationen zu erkundigen. Wir haben die Erfahrung gemacht, dass Menschen lieber darauf antworten, was ihnen persönlich wichtig ist, als auf die Frage, welche Fähigkeiten sie besitzen.

Egal, für welche dieser Varianten du dich entscheidest – achte beim Erstellen deines Bewerbertrichters stets auf eine ansprechende Ausgestaltung. Überlege, wie du innerhalb von Sekunden deine Botschaft so kommunizierst, dass die Leute daran hängenbleiben.

Orientiere dich in puncto Design am besten an den ganz Großen: Worauf setzen weltbekannte Marken? Wie sehen deren Designs aus? Verspielt oder eher clean und reduziert? Lass dich inspirieren und finde heraus, was zu deinem Unternehmen passt.

Apropos kommunizieren. Weißt du, was noch in deinen Bewerbertrichter gehört? Der Ablauf des Bewerbungsprozesses! Erzähl den Bewerbern, was sie erwartet, wenn sie ihre Daten abschicken: Wer wird sich bei ihnen melden? Wie lange wird das in der Regel dauern?

Wo können sie Fragen stellen? Lass ein paar Informationen zu den einzelnen Schritten da und überzeuge so noch mehr Menschen von dir. Du könntest zum Beispiel am Ende des Bewerbungsprozesses eine kleine Message einbauen, in der du Kontaktdaten und Foto der Ansprechperson hinterlegst. Daneben könnte etwas stehen wie: „Hey, danke für deine Bewerbung! Mein Name ist Hanna und das sind meine Kontaktdaten. Ich habe deine Nachricht erhalten und melde mich sehr bald bei dir. Falls du mir eine Nachricht schicken willst, kannst du das hier gerne tun." Verweise dann auf ein Kontaktformular, das sicherlich von der ein oder anderen hochmotivierten Person ausgefüllt werden wird. Auch hier trennt sich die Spreu vom Weizen.

Spezielles für die Spezialistinnen

Und noch etwas, das ich dir aus Erfahrung empfehlen kann: Sofern du auf der Suche nach sehr spezialisierten Mitarbeiterinnen bist, solltest du deinen Bewerbertrichter wirklich punktgenau auf diese zuschneiden.

Nehmen wir an, du suchst nach einer Ärztin. Jede fertig ausgebildete Medizinerin besitzt zwar einen Doktortitel, trotzdem sind sie alle auf etwas anderes spezialisiert. Suchst du also beispielsweise eine Herzchirurgin und wirbst mit dem Foto eines Skeletts, wirst du vermutlich eher Orthopädinnen erreichen. Du solltest also überlegen, wie du deinen Bewerbertrichter so optimierst, dass er tatsächlich die spezifische Sprache deiner Zielgruppe spricht.

Versuche im Übrigen nicht, Jobs unterschiedlicher Branchen in nur einem einzigen Bewerbertrichter zusammenzufassen – wir haben das bereits ausprobiert, und es funktioniert leider überhaupt nicht! Spar dir dieses Lehrgeld und trenne die Branchen klar voneinander. Nur so kannst du gezieltes Targeting betreiben und den Prozess bestmöglich optimieren.

Und last, but not least auch hier wieder der Hinweis auf jenes Thema, das den meisten von uns nicht gerade Spaß macht, trotzdem aber niemals außer Acht gelassen werden darf: Datenschutz! Es ist grundsätzlich vollkommen egal, mit welchem Tool du deinen Bewerbertrichter erstellst – du verarbeitest dabei immer Daten deiner User.

Informiere dich daher unbedingt eingehend darüber, wie du Cookies und Co. richtig anwendest beziehungsweise welche Datenschutzinformationen sich auf deiner Homepage finden müssen. Denn: Unwissenheit schützt nicht vor Strafe! Ich weiß, auch das habe ich schon erwähnt – aber öfter hält besser. ;-)

Wie finde ich heraus, welche Fragen die richtigen sind, um gute Bewerber zu bekommen?

Die wichtigste Regel für einen guten Bewerbertrichter lautet: Stell nur Fragen, die du im ersten Schritt deines Bewerbungsprozesses auch wirklich beantwortet haben möchtest!

Sobald ein potenzieller Interessent das Gefühl hat, sich schon beim Erstkontakt einer Prüfung stellen zu müssen, anstatt sich einfach und unkompliziert bewerben zu können, steigt die Abbruchrate rapide an. Das konnten wir bei nahezu allen Bewerbertrichtern erleben, in denen am Anfang zu viele Fragen gestellt wurden. Beschränke dich daher unbedingt auf das Wesentliche.

Gib am besten ein paar Antwortmöglichkeiten vor. Wenn du zum Beispiel fragst: „Wie viel Erfahrung hast du in der Branche X?", dann biete vorgefertigte Möglichkeiten an, auf die dein Bewerber klicken kann.

Diese Möglichkeiten könnten beispielsweise so aussehen:

- o 1 Jahr
- o 2–4 Jahre
- o 5–8 Jahre
- o 9+ Jahre

Du solltest allerdings die Anzahl der Optionen einschränken, denn niemand möchte sich durch zehn Antwortmöglichkeiten durchquälen müssen. Als Faustregel gilt: Biete maximal vier Optionen, so sieht der User sämtliche verfügbaren Antworten auf einen Blick und muss nicht scrollen. Die Abbruchrate steigt an, sobald Nutzer scrollen müssen. Behalte das stets im Hinterkopf!

Zudem solltest du bei deinen Auswahlmöglichkeiten darauf achten, möglichst viele Menschen miteinzuschließen. Daher auch das kleine Plus bei der letzten Beispielantwort: Alle Personen, die neun oder mehr Jahre Erfahrung haben, werden sich hierdurch angesprochen fühlen. Würdest du als letzte Möglichkeit „9–12 Jahre" angeben, könnten sich Personen, die schon wesentlich länger in dieser Branche aktiv sind, womöglich nicht betroffen fühlen. Sie würden vielleicht annehmen, dass es sich um eine Junior-Stelle handelt und dass sie selbst aufgrund ihrer Erfahrung überqualifiziert sind. Das Ergebnis? Sie brechen die Bewerbung ab.

Damit du besser einschätzen kannst, welche Fragen sich gut für einen smarten Bewerbungsprozess eignen, stelle ich dir an dieser Stelle eine kleine, aber feine Sammlung unserer eigenen Top-Fragen zur Verfügung. Lass dich davon inspirieren und überlege dir, was zu deinem Unternehmen passen könnte.

Die Top-9-Fragen, die wir bei Adstark oft nutzen:

- Abgeschlossene Ausbildung?
- Welchen Schulabschluss?
- Besondere Aus- und Weiterbildungen?
- Konntest du bereits Berufserfahrung sammeln?
- Wie viel Berufserfahrung bringst du mit?
- Wann kannst du starten?
- Was motiviert dich? (Freitext)
- Wann können wir dich am besten erreichen?
- Wie können wir dich am besten erreichen?

Wie gehe ich mit Kandidateneintragungen über interaktive Bewerbertrichter um?

Warum reicht die klassische Kandidatenansprache bei Social-Media-Recruiting nicht aus? Zwischen einer klassischen Bewerbung und dem Social-Media-Recruiting besteht ein enormer Unterschied:

Bei der klassischen Bewerbung beschäftigt sich der Kandidat aktiv mit deinem Unternehmen und bewirbt sich bei dir – über die Homepage oder über die Stellenanzeigen auf Jobbörsen. Der Bewerber aktualisiert seinen Lebenslauf und verfasst ein Motivationsschreiben, das er (im Idealfall) individuell auf dein Unternehmen angepasst hat. Das bedeutet, der Kandidat ist ziemlich entschlossen, die ausgeschriebene offene Stelle auch zu bekommen.

Diese Entschlossenheit liegt beim Social-Media-Recruiting wesentlich niedriger. Hierbei werden primär diejenigen Kandidaten angesprochen, die du über traditionelle Wege, wie beispielsweise deine Homepage oder Jobportale wie Indeed, Stepstone, Monster, Arbeitsagentur u. Ä., nicht erreichen kannst, weil sie nicht aktiv auf Jobsuche sind.

Als Unternehmer hast du die Möglichkeit und die Chance, passiv oder latent suchende Toptalente zu adressieren. Diese Menschen nutzen die Social Media in ihrer Freizeit, meist am Feierabend oder am Wochenende. Du als Arbeitgeber auf der einen Seite gehst aktiv auf die potenziellen Kandidaten zu. Sie auf der anderen Seite beschäftigen sich nicht aktiv mit deinem Unternehmen, vielleicht kennen sie es nicht einmal. Genau aus diesem Grund müssen diese Kandidaten aus psychologischer Sicht im Bewerbungsprozess auf eine andere Weise abgeholt werden. Es sollte ihnen so einfach wie möglich gemacht werden, sich bei dir und deinem Unternehmen zu bewerben.

Um die maximale Effizienz bei der Kontaktaufnahme mit diesen Kandidaten zu gewährleisten, ist es für dich enorm wichtig, die Perspektive des Gegenübers zu verstehen (mehr dazu im Workbook).

Diese potenziellen Kandidaten sind für gewöhnlich in einer aktiven Anstellung und arbeiten im Durchschnitt bis 16:00 Uhr. Sie verbringen einen Teil ihrer Freizeit mit Social Media – abhängig von der jeweiligen Zielgruppe vorzugsweise auf Facebook oder Instagram. Die überwiegende Mehrheit der Social-Media-User steigt über das Smartphone ein.

Ein möglicher Bewerber sitzt nun also am Feierabend beim Abendessen vor dem Fernseher und schaut sich eine Serie an, oder er hockt vielleicht gerade auf der Toilette o. dgl. und entdeckt deine Stellenanzeige. Jetzt gilt es, sein Interesse zu wecken.

Wenn wir davon ausgehen, dass er deiner Zielgruppe entspricht und sich von deiner Anzeige zumindest einmal angesprochen fühlt, so wird er auf die Werbeanzeige klicken.

Zu diesem Zeitpunkt wissen wir noch nicht, ob er sich bewerben oder einfach nur informieren möchte. Je weiter er sich allerdings im Bewerbertrichter vorwärtsbewegt, desto höher ist üblicherweise sein Interesse. Reicht dieses aus, um sich komplett bis zum Ende durchzuklicken, dann beantwortet er die interaktiven Fragen und qualifiziert sich somit vor. Sobald er auf den Button „Bewerbung absenden" klickt, erhältst du per E-Mail seine Bewerbung.

Es hat ihn, während er seiner Freizeitbeschäftigung nachgeht, fernsieht, sich mit Freunden trifft oder Sport treibt, nebenher nur wenige Minuten seiner wertvollen Freizeit gekostet, um ein paar Felder anzuklicken und dabei Fragen zu beantworten. Entsprechend fließt auch nur ein Teil seiner Aufmerksamkeit in die Bewerbung, weswegen der Ablauf so barrierefrei wie möglich sein sollte.

Nach dem Absenden der Bewerbung widmet sich der potenzielle Kandidat nun wieder seinem Feierabend, seinen Freunden, dem Sport oder dem Fernsehprogramm. Daher kann es durchaus passieren, dass sich der ein oder andere Kandidat bei Kontaktaufnahme von deiner Seite gar nicht mehr detailliert an die abgesendete Bewerbung erinnern kann.

Je mehr Zeit du zwischen seiner Bewerbung und deiner Kontaktaufnahme verstreichen lässt, desto höher ist die Wahrscheinlichkeit, dass genau das eintritt.

Was bedeutet das für dich als potenziellen Arbeitgeber? Richtig – dass eine Kontaktaufnahme zeitnah erfolgen sollte!

Welche Herausforderungen können bei der Kontaktaufnahme entstehen?

Bei der Ansprache von Kandidaten über Social-Media-Recruiting gibt es natürlich Herausforderungen. So kann beispielsweise Folgendes passieren:

- Der Kandidat geht nicht ans Telefon.
- Der Kandidat antwortet nicht auf E-Mails.
- Der Kandidat passt nicht für die ausgeschriebene Stelle.

Um die ersten zwei Herausforderungen weitgehend zu eliminieren, sollten Interessentinnen zeitnah angesprochen werden, denn davon hängt zu einem großen Teil der Erfolg deiner Kampagne ab. Doch es gibt noch etwas anderes, das du beherzigen solltest.

Wer Kandidaten anders anspricht, muss Kandidaten anders ansprechen.

Wer an potenzielle künftige Mitarbeiter über neue Wege wie Social-Media-Recruiting herantritt, muss bereit sein, auch die Art zu ändern, wie die Kandidaten angesprochen werden. Im Vergleich zur klassischen Anwerbung ist beim Social-Media-Recruiting die gesamte Situation zwischen dem interessierten Bewerber und dem potenziellen Arbeitgeber etwas anders. Für dich als potenziellen Arbeitgeber bedeutet dies, dass du die Art, wie du den Kandidaten ansprichst, anpassen solltest. Die herkömmliche Ansprache ist hier ebenso wenig zielführend wie der standardisierte Bewerbungsprozess. Du musst deswegen allerdings nicht gleich deinen gesamten Bewerbungsprozess über den Haufen werfen. Entscheidend ist vor allem, wie du einen Kandidaten nach dessen Eintragung im Bewerbertrichter abholst.

Wer Kandidaten anders anspricht, muss Kandidaten *anders* ansprechen.

Gibt es eine universell funktionierende Kandidatenansprache im Social-Media-Recruiting?

Um es kurz zu machen: Nein, eine solche gibt es nicht.

Die Kandidatenansprache sollte sich dem Alter, dem Status sowie dem Berufsfeld der Zielgruppe, aber auch entsprechend deinen eigenen Unternehmenswerten anpassen. Ein 18- oder 20-jähriger Single, der gerade erst seine Ausbildung abgeschlossen und die ersten Jahre Berufserfahrung gesammelt hat, benötigt eine andere Ansprache als, sagen wir, eine 45 Jahre alte oder ältere Person mit Familie, Eigenheim und 20 Jahren Berufserfahrung.

Das bedeutet: Wenn sich die Lebenssituation ändert, dann ändern sich zumeist auch die persönlichen Bedürfnisse, Interessen usw.

Eine universell funktionierende Kandidaten-Erstansprache existiert also nicht, wohl aber gibt es universelle Erfolgsfaktoren.

Die Zeit zwischen Eingang der Kandidatenanfrage und Kontaktaufnahme

Die Zeit zwischen dem Eingang einer Kandidatenanfrage und der Kontaktaufnahme durch das Unternehmen ist elementar wichtig. Sprichwörter wie „Wer zuerst kommt, mahlt zuerst" oder „Die Schnellen fressen die Langsamen" sagen alles aus und treffen hier absolut zu: Bei der Mitarbeitergewinnung führt vor allem Schnelligkeit zum Ziel.

Grundsätzlich empfiehlt es sich, innerhalb von maximal 24 Stunden Kontakt zum Kandidaten aufzunehmen. Die Art der Ansprache (per Telefon, E-Mail, WhatsApp) ist hierbei vorerst zweitrangig.

Stell dir folgende Situation vor: An einem Donnerstagabend um 20:48 Uhr stolpert eine potenzielle Kandidatin namens Sascha Mellmann über deine Werbeanzeige. Sie klickt darauf, beantwortet sämtliche Fragen im Bewerbertrichter und hinterlässt ihre Kontaktdaten. Sie weiß nun, dass sie zeitnah mit einem Anruf oder einer Mail deines Unternehmens rechnen sollte. Der Freitag sowie das Wochenende vergehen jedoch ohne eine Rückmeldung, und erst am darauffolgenden Montag meldest du dich telefonisch bei Sascha. Da ihre Eintragung im Bewerbertrichter bereits vier Tage zurückliegt und das Wochenende so ereignisreich war, dass ihre Bewerbung von vielem anderen überlagert wurde, ist dein Unternehmen bei Frau Mellmann zwar irgendwo im Hinterkopf gespeichert, jedoch nicht mehr präsent. Sie sieht nun eine fremde Nummer auf dem Smartphone und nimmt den Hörer nicht ab. Wer weiß, wer das sein könnte?

Genau dasselbe gilt für die Mail, die erst zwei oder mehr Tage nach der Bewerbung in ihrem Postfach landet.

Das heißt, du hast im Grunde alles richtig gemacht – und konntest trotzdem keinen Treffer landen! Warum? Weil die Zeit nicht auf deiner Seite war. Oder anders gesagt: Du warst zu langsam!

Die Individualität der Ansprache

Bewerberinnen sind vor allem eines: Menschen. Und Menschen wollen individuell angesprochen werden. Niemand möchte eine eindeutig standardisierte Nachricht erhalten – am allerwenigsten von einem potenziellen zukünftigen Arbeitgeber. Das kommt weder bei einem Kandidaten gut an noch rückt es das Unternehmen in ein positives Licht. Je persönlicher ein Kandidat per Mail oder Telefon angesprochen wird, desto höher ist die Chance, eine (positive) Rückmeldung zu erhalten.

Ein Beispiel einer personalisierten E-Mail nach einem Erstkontakt findest du im Workbook.

Sascha hat sich nun also im Bewerbertrichter eingetragen und wartet mit schwindender Erinnerung auf die angekündigte Kontaktaufnahme per Telefon/E-Mail. Und dann ist es endlich so weit – die Antwort kommt! Leider ist es nichts anderes als eine standardisierte E-Mail:

Sehr geehrte Frau Mellmann,

vielen Dank für Ihre Bewerbung und das damit einhergehende Interesse an der Beispiel GmbH. Gerne möchten wir Sie etwas näher kennenlernen. Bitte senden Sie uns Ihre vollständigen Bewerbungsunterlagen (Motivationsschreiben, Lebenslauf, Arbeitszeugnisse) inkl. Ihrer Gehaltsvorstellung und Ihres frühestmöglichen Starttermins.

Vielen Dank im Voraus und einen schönen Tag.
Mit freundlichen Grüßen
Huberta Müller
Beispiel GmbH

Eine solche standardisierte E-Mail als Erstkontakt ist bei vielen Unternehmen noch immer gang und gäbe. Bei Sascha jedoch kommt das leider gar nicht gut an – es weckt weder eine Erinnerung an ihre Bewerbung noch macht es ihr Lust auf dein Unternehmen. „Wenn die mich jetzt schon so behandeln, wird es wahrscheinlich später nicht viel besser!"

Persönliche Wertschätzung im Erstkontakt

In der Erstansprache ist es ausschlaggebend, dem Kandidaten das Gefühl zu vermitteln, dass er gehört und verstanden wird. Dies erreichst du z. B., indem du in deiner Mail Bezug auf seine Angaben im interaktiven Bewerbertrichter nimmst.

Dadurch wird schon deine erste Mail an ihn persönlicher und ansprechender.

Gestalte deine Erstansprache also möglichst individuell. Dadurch schaffst du nicht nur eine gewisse Vertrautheit und hilfst dem Kandidaten, sich an seine Bewerbung zu erinnern, sondern du verleihst dem Ganzen auch noch eine persönliche Note.

Überzeugen durch Inhalt im Erstkontakt

Im Erstkontakt sind nicht nur die Schnelligkeit, die Individualität der Ansprache sowie ein hohes Maß an Wertschätzung ausschlaggebend, sondern vor allem auch der gesprochene oder geschriebene Inhalt. Aufgrund der völlig anderen Ausgangslage im Vergleich zur klassischen Bewerbung gilt es, die Kandidatin vom eigenen Unternehmen als potenziellem Arbeitgeber zu überzeugen. Dazu bedarf es nicht zuletzt eines überzeugenden Inhalts – ob per Telefon, per E-Mail oder per WhatsApp.

Die Herausforderung liegt also darin, eine akzeptable Länge für die erste Kontaktaufnahme zu ermitteln. Doch auch hier gleich eines vorab: Eine „perfekte" Länge gibt es nicht. Da die Kandidatin jedoch nicht vor dem Telefon auf deinen Anruf wartet, sondern „kalt" angerufen oder angeschrieben wird, sollte der Erstkontakt tendenziell eher kurz und prägnant sein. Das vorrangige Ziel liegt darin, das Eis zu brechen, eine gewisse Verbindlichkeit aufzubauen sowie weiteres Interesse zu wecken – Interesse am zukünftigen potenziellen Arbeitgeber, also an dir und deinem Unternehmen.

Im Zuge des Erstkontakts möchtest du nicht nur Informationen von der Kandidatin erhalten, sondern dieser auch selbst Informationen liefern. Du möchtest schließlich eine neue Mitarbeiterin für dich und dein Unternehmen gewinnen!

Aus diesem Grund gilt es, in wenigen Sätzen nicht nur „ein bisschen Interesse" zu wecken, sondern geradezu ein Feuer der Begeisterung zu entfachen.

Ein Beispieltelefonat findest du hier. Weitere Vorlagen für Mail und WhatsApp gibt es für dich online im Workbook.

Persönliche Wertschätzung im Erstkontakt - ein erstes Telefonat

Sascha Mellmann wird von dir zum Erstkontakt nicht - wie eigentlich von ihr gewünscht - per E-Mail kontaktiert, sondern innerhalb von 24 Stunden nach ihrer Eintragung in den Bewerbertrichter angerufen. Warum? Weil es aus meiner Sicht und Erfahrung die effizienteste Art ist, Menschen anzusprechen und zu erreichen.

Die Unterhaltung könnte so klingen:

Klingeling

Mellmann: Sascha Mellmann, hallo?

Du: Guten Tag, Frau Mellmann! [Dein Vorname, dein Nachname] von [Unternehmen]. Schön, dass ich Sie erreiche! Sie haben sich vor zwei Stunden über [Social-Media-Plattform] bei uns für die freie Stelle als [Vakanz] beworben, richtig?

Mellmann: Ähm, ja das stimmt.

Du: Wunderbar! Frau Mellmann, ich möchte Sie gar nicht lange stören. Ich weiß, Sie haben ausgewählt, dass Sie per E-Mail kontaktiert werden möchten. Ich habe jedoch Ihre Angaben in der Bewerbung gelesen und wollte Sie unbedingt persönlich kennenlernen. Haben Sie gerade ein paar Minuten Zeit? Ich habe nur zwei kurze Fragen an Sie.

Mellmann: Oh, schön. Ja klar, ich habe kurz Zeit.

Du: Danke. Und zwar haben Sie angegeben, dass Sie über 3–5 Jahre Berufserfahrung im kaufmännischen Bereich verfügen. In welchem Fachbereich haben Sie denn genau gearbeitet?

Mellmann: …

Du: Schön, das hört sich interessant an – genau so jemanden suchen wir! Sie haben geschrieben, dass Sie in [Wohnort der Kandidatin] wohnen. Unser Unternehmenssitz liegt in [Unternehmensstandort], das wären ca. 25 Minuten Fahrtweg – ist diese Entfernung für Sie in Ordnung?

Mellmann: …

Du: Perfekt! …

Mögliche Formen der Kontaktaufnahme seitens des Unternehmens

- Telefon
- E-Mail
- WhatsApp

Mehr dazu, inklusive diverser Vorlagen, findest du online im Workbook.

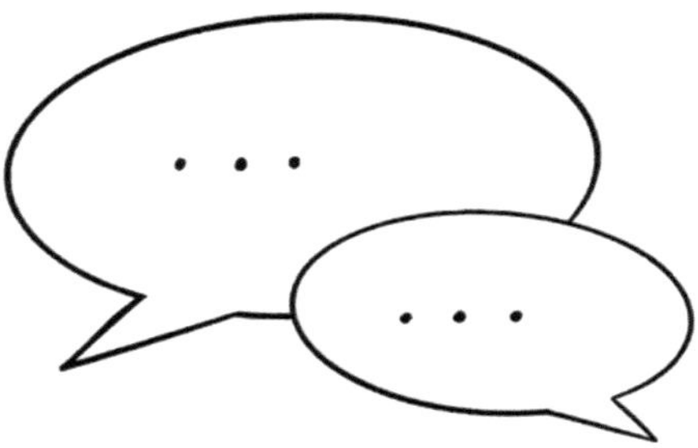

Welche Methode der Kontaktaufnahme ist am erfolgversprechendsten?

Aus meiner Sicht wirst du mit einem direkten Anruf den größten Erfolg erzielen, deswegen habe ich mich auch dazu entschieden, die telefonische Ansprache hier im Buch abzudrucken. Sie ist erfahrungsgemäß der beste Weg, um einen persönlichen Kontakt herzustellen.

Wie schon erwähnt, ist die Zeit zwischen der Eintragung des Kandidaten in den Bewerbertrichter und deiner Kontaktaufnahme essenziell. Wir sprechen schließlich latent oder passiv Suchende an, und diese tragen sich nicht mit einer vergleichbaren Entschlossenheit wie bei einer klassischen Bewerbung in den Bewerbertrichter ein. Aus diesem Grund ist Schnelligkeit umso wichtiger.

Die Kontaktaufnahme via Telefon funktioniert sogar so gut, dass sie trotz eventuell abweichenden Präferenzen (E-Mail, WhatsApp etc.) seitens der Kandidatin gewählt werden sollte. Hat die betreffende Kandidatin beispielsweise im Bewerbertrichter angegeben, dass sie am besten per E-Mail erreichbar ist, und du rufst sie dennoch direkt an, kannst du das in ein, zwei Sätzen einfach begründen:

„Frau Mellmann, ich möchte Sie gar nicht lange stören. Ich weiß, Sie haben ausgewählt, dass Sie per E-Mail kontaktiert werden möchten. Ich habe jedoch Ihre Angaben in der Bewerbung gelesen und wollte Sie unbedingt persönlich kennenlernen. Haben Sie gerade ein paar Minuten Zeit? Ich habe nur zwei kurze Fragen an Sie …"

Solltest du die Kandidatin telefonisch nicht erreichen, kannst du immer noch den von ihr präferierten Weg einschlagen und ihr eine schriftliche Nachricht senden.

Wie kann ein optimaler Onboarding-Prozess im Unternehmen aussehen?

Ein optimaler Onboarding-Prozess sollte dazu beitragen, dass neue Mitarbeiterinnen schnell und effektiv in ihre Rollen im Unternehmen eingeführt werden und sich erfolgreich in das bestehende Team integrieren können.

Um einen strukturierten Onboarding-Prozess festzulegen, der die wichtigsten Schritte und Aktivitäten während der Einarbeitungsphase definiert, empfiehlt es sich, ein umfassendes Onboarding-Handbuch zu erstellen. Dieses Handbuch dient als Leitfaden und stellt sicher, dass neue Mitarbeiterinnen effektiv und effizient in das Unternehmen eingegliedert werden.

Es kann auch als Einführungsprogramm oder Checkliste verwendet werden. Im Folgenden findest du die wichtigsten Punkte, die in einem solchen Handbuch enthalten sein sollten:

Vorstellung der Unternehmenskultur

Um sicherzustellen, dass neue Mitarbeiter die Unternehmenskultur verstehen und sich integrieren, ist es wichtig, verschiedene Maßnahmen zu ergreifen. Diese können beinhalten:

Begrüßung durch die Geschäftsführung

Die Geschäftsführung sollte den neuen Mitarbeiter persönlich willkommen heißen und ihm einen Überblick über die Unternehmenskultur geben.

Dies kann durch eine Begrüßungsrede oder im Rahmen eines informellen Treffens stattfinden, bei dem die Werte, Ziele und Normen des Unternehmens erläutert werden.

Schulungen zur Unternehmenskultur

Es ist hilfreich, spezielle Schulungen anzubieten, in denen Unternehmenskultur und -werte ausführlich erläutert werden. Dies kann in Form von Präsentationen, interaktiven Workshops oder Videos geschehen. Dafür sollten auch konkrete Beispiele und Fallstudien herangezogen werden, um die Unternehmenskultur greifbarer zu machen.

Aktivitäten zur Förderung der Zusammenarbeit und des Teamgeistes

Um die Integration in die Unternehmenskultur zu unterstützen, können Teamaktivitäten und Teambuilding-Übungen durchgeführt werden. Dies könnte beispielsweise eine gemeinsame Mittagspause, ein Teamausflug oder ein informelles Get-together nach der Arbeit sein.

Solche Aktivitäten ermöglichen es neuen Mitarbeitern, ihre Kollegen kennenzulernen, rasch Beziehungen aufzubauen und eine positive Teamdynamik zu entwickeln.

Mentor- oder Buddy-Programm

Es ist empfehlenswert, jedem neuen Mitarbeiter einen erfahrenen, langjährigen Mitarbeiter des Unternehmens als Mentor oder Buddy zuzuweisen, der ihm beim Eintritt ins Unternehmen als Ansprechpartner zur Verfügung steht und ihn während der Einarbeitungsphase unterstützt.

Der Mentor oder Buddy hat die Aufgabe, den neuen Mitarbeiter in der Anfangsphase zu begleiten und ihm bei allen Fragen, Herausforderungen oder Unsicherheiten zur Seite zu stehen. Er kann über die Arbeitsabläufe, die Unternehmenskultur und die internen Richtlinien informieren.

Der Mentor oder Buddy kann dem neuen Mitarbeiter auch bei der Orientierung innerhalb des Unternehmens helfen, indem er ihm den Arbeitsplatz, die verschiedenen Abteilungen sowie alle relevanten Ansprechpartner vorstellt.

Schulungen und Trainings

Diverse Schulungen und Trainings sollten darauf abzielen, neuen Mitarbeitern die erforderlichen Fachkenntnisse, Fähigkeiten und Werkzeuge zu vermitteln, damit sie ihre Aufgaben erfolgreich bewältigen können. So kannst du sicherstellen, dass Neuzugänge die Möglichkeit bekommen, ihr volles Potenzial zu entfalten.

Diese Wissensvermittlung kann unter anderem durch interne Schulungen, externe Seminare oder Workshops erfolgen. Die Inhalte sollten spezifisch auf die Aufgaben und Anforderungen des jeweiligen Mitarbeiters zugeschnitten sein. Wiederholte Überprüfungen und Evaluierungen können euch als Unternehmen dabei helfen, die Fortschritte der neuen Mitarbeiter zu bewerten und eventuelle Lücken oder Verbesserungsmöglichkeiten zu entdecken. Auf diese Art schafft ihr eine solide Grundlage für die berufliche Entwicklung der Mitarbeiterinnen und fördert die Produktivität sowie die Effektivität im Unternehmen.

Klare Ziele und Erwartungen

Sorgt dafür, dass neue Mitarbeiter klare Ziele und Erwartungen haben, die ihnen dabei helfen, ihre Rolle erfolgreich auszufüllen. Das kann durch kontinuierliche Kommunikation, Fortschrittsbesprechungen und Feedback erreicht werden.

Auf diese Weise stellt ihr sicher, dass die neuen Mitarbeiter stets wissen, was das Unternehmen von ihnen erwartet und wie sie ihre Ziele erreichen können.

Besprecht zu Beginn der Einarbeitungsphase mit den neuen Mitarbeitern die Ziele und Erwartungen aber nicht nur mündlich, sondern legt diese auch schriftlich fest.

Dazu gehören die Definition der Aufgaben und Verantwortlichkeiten ebenso wie das Bestimmen von Meilensteinen.

Regelmäßige Überprüfung des Onboarding-Prozesses

Überprüft euren Onboarding-Prozess in regelmäßigen Abständen, um zu gewährleisten, dass dieser nach wie vor effektiv ist und den Bedürfnissen der Mitarbeiter entspricht.

Dazu gehört auch, eurerseits Feedback von neuen Mitarbeiterinnen einzuholen, um mögliche Verbesserungen vornehmen zu können. Auf diese Art kann dein Unternehmen sicherstellen, dass der Onboarding-Prozess kontinuierlich optimiert wird und eine positive Erfahrung den neuen Mitarbeitern das erfreuliche Erlebnis bietet, das für alle Beteiligten so wichtig ist.

Eine periodische Überprüfung des Onboarding-Prozesses ermöglicht es zudem, die Wirksamkeit oder Unwirksamkeit von bestehenden Maßnahmen zu bewerten und mögliche Engpässe oder Probleme zeitnah zu identifizieren. Dies kann mittels interner Audits, Umfragen oder über Gespräche mit den beteiligten Mitarbeitern abgedeckt werden.

Fazit

Der funktionierende Bewerbungsprozess ist das Um und Auf bei der Mitarbeiterinnensuche. Merk dir vor allem die folgenden Punkte:

- Der Prozess sollte zügig ablaufen – lange Wartezeiten verstimmen die Bewerberinnen und schaden dem Unternehmen.
- Die Kommunikation sollte persönlich und wertschätzend erfolgen.
- Der Onboarding-Prozess erfordert Struktur und ständige Weiterentwicklung.

Wenn du diese Punkte berücksichtigst, werden deine Bewerberinnen und zukünftigen Mitarbeiter sich in deinem Unternehmen willkommen fühlen.

Bewerberpool

Teil 7: Was ist ein Bewerber- oder Talentpool?

Grundsätzlich ist ein Bewerberpool, auch „Talentpool" genannt, nichts anderes als eine Sammlung von Bewerberinnen, für die jedoch in deinem Unternehmen aktuell keine Jobvakanzen zur Verfügung stehen. Diese Personen kannst du gegebenenfalls zu einem späteren Zeitpunkt kontaktieren, wenn du eine entsprechende Stelle frei hast, und nachfragen, ob noch Interesse an einer Mitarbeit in deinem Unternehmen besteht.

Die Größe deiner Firma ist dabei irrelevant – selbst, wenn du nur wenige Mitarbeiter beschäftigst, hilft dir ein Bewerberpool, deine Arbeitgebermarke zu stärken. Einer der größten Vorteile eines Talentpools besteht darin, dass Unternehmen, die ihn nutzen, den Fachkräftemangel höchstwahrscheinlich nicht so stark spüren wie andere.

Wichtig: Ein Bewerberpool ist nur dann wirklich sinnvoll, wenn du bereits an der Sichtbarkeit deiner Arbeitgebermarke gearbeitet hast. Befolge dazu am besten die Schritte, die du in diesem Buch kennengelernt hast. Unternehmen mit einer starken Arbeitgebermarke strahlen eine Attraktivität aus, die dazu führt, dass Menschen gerne bei ihnen arbeiten möchten.

So können diese Unternehmen auf einen Bewerberpool aus hochqualifizierten Toptalenten zurückgreifen und sind zukunftsfit positioniert. Initiativbewerbungen sind bei solchen Unternehmen beinahe die Regel. Dennoch eignet sich ein Bewerberpool nicht für sämtliche Positionen in einem Unternehmen, und es wird trotz allem immer wieder Stellen geben, die schwieriger zu besetzen sind als andere.

Warum brauche ich einen Bewerberpool, um meine Vakanzen einfacher zu besetzen?

Einen Talentpool aufzubauen und ihn dann auch noch zu pflegen, kostet Zeit und Ressourcen. Warum du trotzdem nicht darauf verzichten solltest? Nun, die wichtigsten Gründe, die für einen Bewerberpool sprechen, sind:

1. Deine Entscheidungskraft ist größer.

Mehr Menschen, die sich bereits bei dir beworben haben, verschaffen dir mehr Optionen.

2. Du beginnst bei der Mitarbeitersuche nicht jedes Mal wieder aufs Neue bei null.

Ein Talentpool gibt dir die Sicherheit, dass du jederzeit Bewerberinnen abrufen kannst.

3. Noch haben nur wenige Unternehmen einen Bewerberpool – du stichst also aus der Masse hervor.

Diese zusätzliche Attraktivität baut deine Arbeitgebermarke weiter auf.

Und auch hier noch einmal zur Erinnerung: Du solltest das Thema Datenschutz niemals aus den Augen verlieren! Ein Bewerberpool enthält in der Regel jede Menge sensibler und schützenswerter personenbezogener Daten.

Lass dich unbedingt eingehend von einem Experten beraten und speichere Daten nicht länger als sechs Monate. Frage vorab immer bei der betroffenen Person nach, ob sie damit einverstanden ist, dass ihre Daten bei dir im Unternehmen gespeichert werden. Mehr dazu kannst du auch weiter hinten nachlesen.

Wie baue ich einen Bewerberpool auf?

Ich hoffe, ich konnte dich in den letzten Kapiteln vom großen Nutzen eines Bewerberpools überzeugen. Wenn das der Fall ist, dann fragst du dich nun vielleicht, wie du einen solchen Pool aufbauen kannst.

Zunächst empfehle ich dir dringend, von Anfang an eine klare Struktur in deine Bewerberdaten zu bringen, um sie anschließend nach Fähigkeiten, Erfahrungen und Qualifikationen selektieren zu können. Anhand eines Scoringverfahrens kann eine gut strukturierte Bewerberdatenbank einen Überblick über verfügbare Talente geben und dir die Entscheidung für die Besetzung der nächsten offenen Stelle erleichtern.

Ein Scoringverfahren ist eine Methode zur Bewertung von Daten oder Objekten auf der Grundlage bestimmter Kriterien. Ziel ist es, eine objektive und quantitative Bewertung zu liefern, um fundierte Entscheidungen zu unterstützen.

Wichtig ist überdies, dass du für jede Stelle, die du in Zukunft besetzen möchtest, einen separaten Bewerberpool anlegst. So braucht beispielsweise eine Monteurin andere Qualifikationen als ein Buchhalter. Diese beiden Stellen in deinem Bewerberpool zu vereinen, hätte somit recht wenig Sinn.

Überlege daher vorab immer, welche Fähigkeiten, Erfahrungen und Qualifikationen für die vakante Position vonnöten sind, damit du genau nach diesen Eigenschaften filtern kannst.

Wie befülle ich meinen Bewerberpool?

Wie schon mehrfach erwähnt, ist die Omnipräsenz deines Unternehmens ausschlaggebend. Du präsentierst dein Business auf so gut wie allen zur Verfügung stehenden Kanälen – sei es in den sozialen Medien oder auf Jobplattformen (*siehe auch Kapitel 5 „Employer Branding"*). Setze hierzu die kostenlosen Annoncen ein und sprich auf diese Weise aktiv Suchende an. Vergiss auch nicht, spezialisierte Plattformen zu bespielen – halte die Augen offen und nutze sämtliche Medien, die für deine Branche von Vorteil sind. Außerdem ist es sinnvoll, kontinuierlich wirklich ansprechende Social-Media-Beiträge zu erstellen.

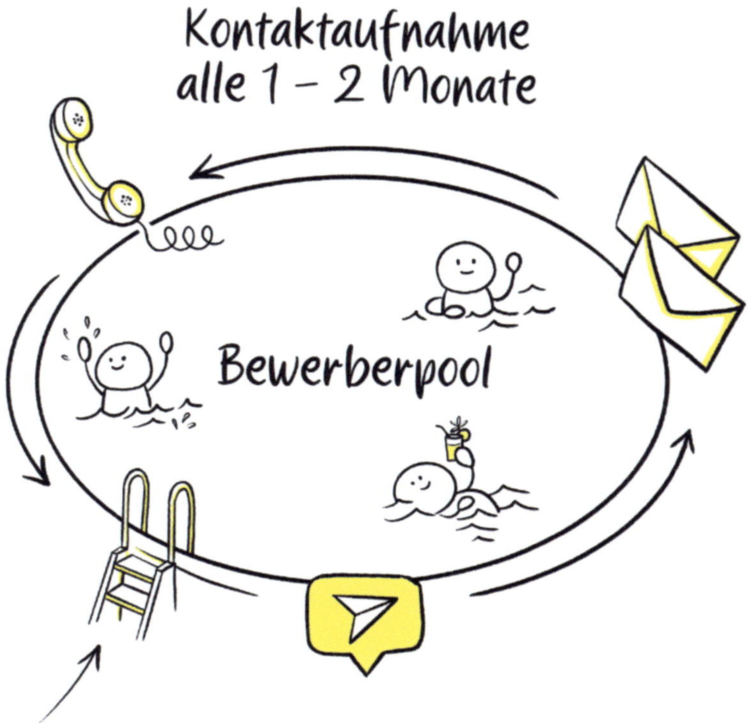

Wenn du nicht gerade akut auf der Suche nach neuen Mitarbeiterinnen bist, kannst du es dir leisten, mit einem kleinen Budget zu werben. Wenn du in der Zeit, in der du keine dringenden Vakanzen hast, auf eine gute Werbung setzt, kannst du später auf einen entsprechenden Bewerberpool zurückgreifen. So bleibst du mit kleiner Flamme sichtbar und euer Unternehmen wird noch attraktiver. Sobald du einige potenzielle Kandidatinnen für deinen Bewerberpool zusammenhast, solltest du diese in einer eigenen Datenbank verwahren. Ich rate dir dazu, auf das sichere Speichern dieser personenbezogenen Daten sehr großen Wert zu legen. Am besten, du setzt auf ein anständiges Recruiting-Tool, das datenschutzkonform agiert.

!

Ein Recruiting-Tool ist ein Dienst, der Unternehmen bei der effizienten Verwaltung und Durchführung ihres Recruiting-Prozesses unterstützt. Es ist darauf ausgerichtet, den gesamten Einstellungsprozess von der Stellenausschreibung bis zur Einstellung von qualifizierten Kandidaten zu optimieren.

Damit es dir etwas leichter fällt, die gesammelten Daten zu filtern, empfehle ich dir, die Bewerbungen zu bewerten. Überlege, welche Qualifikationen unbedingt erforderlich sind. Lege dir ein Bewertungsverfahren zurecht und ziehe es durch.

Und noch etwas: Jeder von uns arbeitet heutzutage tagein, tagaus mit einer Unmenge an Daten. Daten hier und Daten dort. Wenn diese jedoch nicht laufend aktualisiert werden, sind sie meist sehr bald wertlos. Natürlich kostet es Zeit, den Bewerberpool stets aktuell und auf dem letzten Stand zu halten, dennoch wird sich deine Mühe am Ende auszahlen. Halte in regelmäßigen Abständen telefonischen oder schriftlichen Kontakt mit deinen Interessentinnen. Auch die besagten Recruiting-Tools können dich mithilfe von automatisierten Abläufen bei der Datenpflege unterstützen.

Vor allem aber ist eines wichtig: **Nutze** die gesammelten Daten! Wenn eine Stelle in deiner Firma vakant ist, sollte dein erster Schritt das Durcharbeiten deines Bewerberpools sein. Lade potenzielle Talente zu einem Gespräch ein oder schreib sie an, sobald du eine Stelle besetzen möchtest, die für sie passen könnte. Tust du das nicht, ist all deine Arbeit, die du im Vorfeld geleistet hast, für die Katz!

Wie groß sollte ein Bewerberpool sein?

Im Grunde gibt es keine Regel für die richtige Größe eines guten Bewerberpools. Wichtig ist hingegen, möglichst genau zu wissen, welche Personalanforderungen dein Unternehmen in Zukunft haben wird. Du solltest diesbezüglich vor allem die Änderungen am Arbeitnehmermarkt, bedingt durch den kommenden demografischen Wandel, im Auge behalten, aber auch die Gegebenheiten in deinem Unternehmen: Wie viele Personen werden euch aufgrund von Pensionierung verlassen? Wie viele Stellen wirst du nachbesetzen müssen? Wie stark wächst dein Unternehmen?

Als praktikabel hat es sich erwiesen, in deinem Talentpool eine Anzahl von rund 10 Prozent der vergebenen Stellen im Unternehmen zu sammeln. Wenn du zum Beispiel ein Unternehmen mit insgesamt 1000 Mitarbeiterinnen hast, von denen 300 in der Produktion tätig sind, und du in diesem Feld kontinuierlich neue Talente suchst, dann sollte dein Bewerberpool für diesen Bereich ca. 30 Personen beinhalten. Diese Zahl zu erreichen kann schon ein ziemlicher Meilenstein sein – es macht sich jedoch bezahlt!

Ein weiterer Punkt ist ungemein wichtig: Achte auf die Qualität deines Bewerberpools!

Es macht überhaupt keinen Sinn, jede Bewerbung in deiner Datenbank zu speichern, auch wenn sie vielleicht nur halbwegs zu deinem Unternehmen passt. Bewahre ausschließlich die Bewerbungen derjenigen Kandidaten auf, die dich von Anfang an überzeugt haben, das heißt: Filtere vorab und erspare dir somit die Arbeit des Sondierens später. Setze auf Qualität statt auf Quantität und nimm dir dafür die erforderliche Zeit. Und weil es so wichtig ist, sage ich es hier noch einmal: Halte deine Daten aktuell und profitiere dadurch im richtigen Moment von deinem Bewerberpool.

Was motiviert Menschen, sich in einen Bewerberpool eintragen zu lassen?

Ein Bewerberpool ist nur dann sinnvoll, wenn sich die Talente, die dein Unternehmen in Zukunft brauchen wird, auch tatsächlich eintragen.

Um sie dahingehend zu motivieren, solltest du vor allem auf drei Dinge achten:

Arbeitgebermarke

Eine attraktive Arbeitgebermarke ist das Um und Auf. Ich weiß, dieses Argument zieht sich wie ein roter Faden durch das gesamte Buch und wahrscheinlich hast du bereits das ein oder andere Mal davon gelesen. Doch glaube mir, es ist wirklich enorm wichtig, dass du an deiner Arbeitgebermarke arbeitest. Aus diesem Grund werde ich auch nicht müde, diesen essenziellen Aspekt wiederholt zu betonen. Marken, die sich über einen längeren Zeitraum eine nicht mehr wegzudenkende Sichtbarkeit aufgebaut haben, sind beliebte Arbeitgeber.

Achte von Anfang an darauf, die richtigen Mitarbeiter einzustellen, verbanne toxische Arbeitskulturen und überzeuge mit Benefits und Events. Teile all das in den Social Media, erzeuge Reichweite und sorge für Mundpropaganda – dann kommen die Bewerber fast wie von selbst. ;-)

Toxische Arbeitskulturen sind Umgebungen am Arbeitsplatz, die von negativen und schädlichen Verhaltensweisen geprägt sind. In einer toxischen Arbeitskultur stehen die Mitarbeiterinnen unter ständigem Druck und es herrscht ein Mangel an Unterstützung und Zusammenarbeit. Darüber hinaus fehlt es an Wertschätzung und Respekt.

Karrieremöglichkeiten

Zeige realistische Karrieremöglichkeiten auf. Bewerberinnen bleiben vor allem dann an deinem Unternehmen interessiert, wenn du spannende, aber auf alle Fälle realistische Karrierechancen bietest. Selbst dann, wenn in deinem Unternehmen derzeit keine Stelle vakant ist, motivieren diese Aussichten, sich in einen Bewerberpool aufnehmen zu lassen.

Gerade passiv Suchende sind eine große Zielgruppe, die gerne auf Talentpools setzt. Besonders gut erreichst du diese Menschen über gezielt eingesetzte Social-Media-Kampagnen.

Bewerbungsprozess

Setze auf einen einfachen Bewerbungsprozess. Auch diesen Punkt hatten wir schon des Öfteren. Die Einfachheit ist hauptsächlich für Menschen wichtig, die passiv auf der Suche nach einer neuen Arbeitsstelle sind.

Sie opfern nicht extra Zeit für das aufwendige Erstellen von Bewerbungsunterlagen, sondern sitzen in der Regel nach Dienstschluss auf dem Sofa und freuen sich, wenn sie sich von dort schnell und unkompliziert bei dir bewerben können.

Start-ups sind hier meist ein wenig im Vorteil – ein Phänomen, das wir bei Adstark schon beobachtet haben: Wir konnten über Mundpropaganda nahezu von selbst einen guten Puffer an potenziellen neuen Mitarbeitern aufbauen. Als junges und zukunftsorientiertes Unternehmen sprechen wir eine große Menge an Menschen an. Wir legen viel Wert auf Neuerungen und Innovationen, haben ein cooles Team und tolle Events. All das führt dazu, dass Menschen bei uns arbeiten wollen und sich in unseren Bewerberpool einschreiben möchten. So haben wir uns einen Puffer von über 100 % geschaffen, was natürlich fast schon ein Luxus ist.

Wie halten wir uns die Kandidaten im Bewerberpool warm?

Das oberste Gebot: Kommuniziere regelmäßig mit deinen Kandidaten.

Keine Sorge, das muss weder täglich noch wöchentlich passieren. Meist reicht es vollkommen aus, alle ein bis zwei Monate mit potenziellen Bewerbern in Kontakt zu treten. Suchst du akut eine Besetzung für eine vakante Stelle, wirst du die Kommunikation natürlich intensivieren. Zeige dabei unbedingt Perspektiven auf und zeichne einen Wachstumsplan deines Unternehmens. Das schafft Vertrauen!

Neben Telefonaten und Mails kannst du übrigens noch einen weiteren Trumpf aus dem Ärmel zaubern, um nicht nur Kontakt mit deinen Interessentinnen zu halten, sondern sie auch nachhaltig zu beeindrucken: Networking-Events!

Bei solchen Zusammentreffen kannst du deine Bewerber persönlich kennenlernen und gleichzeitig haben die Personen aus deinem Talentpool die großartige Möglichkeit, sich ein Bild von deinem Unternehmen zu machen - eine unvergleichliche Win-win-Situation für beide Seiten! Außerdem sind solche Events um ein Vielfaches persönlicher als irgendwelche 08/15-Newsletter.

Und wenn wir schon davon sprechen, kommt hier mein dringender Appell an dich: Mach bloß nicht den Fehler zu glauben, du könntest über standardisierte Newsletter den Kontakt zu deinen Bewerbern aus dem Pool aufrechterhalten!

Ich kann dir versprechen: Fast niemand liest diese Mails, und das Interesse an deinem Unternehmen wird rapide sinken. Newsletter sind mittlerweile ein wahrer Conversion-Killer!

Und noch etwas (Ja, ich weiß, dass ich mich erneut wiederhole, aber dieser Punkt ist so wichtig, dass ich dir keine Chance geben möchte, ihn zu überlesen!): Auch deine Stellenausschreibungen sollten persönlich und aktuell sein.

Oft erlebe ich, dass Unternehmen viel zu wenig Wert auf die Qualität ihrer Ausschreibungen legen. Sie werben mit Benefits, die vielleicht gar nicht mehr aktuell sind. Stell dir vor, du bietest etwas in deiner Ausschreibung an, das es gar nicht mehr gibt. (Du erinnerst dich sicherlich an den von uns propagierten Müslistand in unserem Unternehmen, der eigentlich gar nicht mehr vorhanden war!) Für den Bewerber ist aber möglicherweise genau dieser Punkt ausschlaggebend für sein Interesse.

Schlussendlich müsstest du ihm dann beibringen, dass dieser Benefit in deiner Firma nicht mehr existiert. Das erzeugt Frust auf der einen und Enttäuschung auf der anderen Seite.

Mitarbeiterrückgewinnung

Steve Jobs, der Mitbegründer von Apple, ist dir sicherlich ein Begriff. Die meisten bringen ihn mit dem unglaublichen Erfolg seiner Tech-Firma in Verbindung – und das auch zu Recht. Was jedoch die wenigsten wissen: 1985 hatte Jobs das Unternehmen verlassen und war erst elf Jahre später wieder bei Apple eingestiegen. Und dann erst machte er daraus die Erfolgsmarke, die wir heute alle kennen. Hätte Apple Steve Jobs damals also nicht zurückgenommen, würde der Computermarkt heute wahrscheinlich anders aussehen.

Dieses Vorgehen nennt man „Rehiring" oder auch „Boomerang-Hiring"; im Grunde ist damit nicht anderes als die Wiedereinstellung eines Ex-Mitarbeiters gemeint.

Warum solltest auch du diese Option für dein Business in Betracht ziehen?

Sicher, es gibt ein paar Gründe, die gegen eine Wiedereinstellung eines Ex-Mitarbeiters sprechen. Doch bevor wir uns diesen widmen, möchte ich dir die Vorteile aufzeigen, die eine Mitarbeiterrückgewinnung für dein Unternehmen bringen kann:

- Mitarbeiter, die bereits bei dir gearbeitet haben, kennen dein Unternehmen. Sie sind mit den Abläufen, aber auch mit der Firmenkultur bestens vertraut. Du kannst also beim Bewerbungsprozess einiges an Zeit einsparen. Außerdem kannst du davon ausgehen, dass der Mitarbeiter die Unternehmenskultur schätzt, sonst würde er sich nicht wieder bei dir bewerben.

- Du weißt vermutlich auch von vornherein über die Stärken und Schwächen dieser Person Bescheid. Ihr spart euch die Kennenlernphase, und für dich wird es ein Leichtes sein, ihn in einem passenden Bereich einzusetzen.

- Und mit etwas Glück bringt dein Ex-Mitarbeiter nicht nur seine eigene Arbeitskraft zu deinem Unternehmen zurück, sondern wirbt auch noch andere Talente an – eine Win-win-Situation für alle.

Was ich dir auf jeden Fall ans Herz legen möchte: Betrachte es als großes Kompliment, wenn sich eine Person, die früher bereits für dich gearbeitet hat, wiederum für eine freie Stelle in deinem Unternehmen bewirbt. Immerhin ist dies ein starkes Zeichen für die Attraktivität deiner Arbeitgebermarke! Weiter so, du bist auf dem richtigen Weg!

Dennoch schrecken viele Unternehmer davor zurück, einer Person, die schon einmal die Firma verlassen hat, eine zweite Chance zu geben. Zu groß ist die Befürchtung, dass dieser Mitarbeiter auch beim zweiten Anlauf nicht allzu lange im Unternehmen bleiben könnte und du die Suche wieder von vorn beginnen musst. Oftmals unterstellt man solchen Personen insgeheim so etwas wie mangelnde Loyalität.

Schon klar, dieses Szenario ist keinesfalls unrealistisch. Es kann durchaus passieren, dass dich die Person erneut verlässt – doch es liegt in deiner Hand, dieses Risiko zu minimieren. Ich empfehle dir, immer genau hinzuschauen – auch oder gerade bei Firmenabgängen.

Finde heraus, warum Mitarbeiterinnen dein Unternehmen verlassen (haben), und notiere dir diese Gründe. Was passt nicht? Was haben sie sich von dir bzw. von deinem Unternehmen erwartet, das nicht erfüllt wurde? Auf diese Art weißt du auch in drei oder vier Jahren noch immer, wieso eine bestimmte Person damals gegangen ist, und kannst entsprechend vorbauen, indem du nachfragst, was sich geändert hat und welche Erwartungen es jetzt gibt. Eventuell erfährst du sogar, wieso die Person aus heutiger Sicht wirklich gegangen ist.

Vor einiger Zeit suchte das Team von Adstark zusammen mit unserem Auftraggeber nach Bauingenieuren. Eine Bewerbung, die über unseren Bewerbertrichter eingelangt war, stach dabei besonders ins Auge: Es war die eines Ex-Mitarbeiters. Er hatte im freien Feld des Bewerbertrichters ein langes Motivationsschreiben hinterlassen. Wie sich herausstellte, war er schon während seines Studiums für das Unternehmen tätig gewesen und hatte anschließend einige Erfahrungen in höheren Positionen bei anderen Firmen gesammelt, bis er auf die Jobanzeige unseres Kunden aufmerksam wurde. Da dieser Ex-Mitarbeiter viele positive Erinnerungen an die Zusammenarbeit im Unternehmen hatte, bewarb er sich augenblicklich für die offene Stelle. Uns war klar, dass er viel Wert auf Karrieremöglichkeiten legt. Er hatte das Unternehmen verlassen und bei anderen Firmen Möglichkeiten gefunden, höhere Positionen zu besetzen und wertvolle Erfahrungen zu sammeln. Um zu verhindern, dass er nach kurzer Zeit neuerlich kündigen würde, war es wichtig, ihm realistische Aufstiegs- und Karrierechancen zu bieten und diese schon vom ersten Gespräch an zu kommunizieren.

So konnte die Firma die Sorge, diesen Mitarbeiter gleich wieder zu verlieren, von Anfang an reduzieren.

Du siehst also: Was die Mitarbeiterrückgewinnung betrifft, überwiegen klar die Vorteile – wenn du entsprechend gewappnet bist. Zudem kannst du eventuelle Zweifel durch offene Kommunikation und das Erkennen von Bedürfnissen deiner Ex-Mitarbeiter gut ausmerzen. Du solltest dir die Benefits, die eine Mitarbeiterrückgewinnung mit sich bringt, also keinesfalls entgehen lassen. Allein schon im Hinblick auf den kontinuierlich wachsenden Fachkräftemangel ist es schlau, diese Option nicht außer Acht zu lassen.

Social-Media-Advertising kann dir im Übrigen dabei helfen, auch diese Zielgruppe treffsicher zu erreichen.

Hier ist dir wieder einmal der Algorithmus behilflich: Menschen, die in der Vergangenheit für dich gearbeitet haben und damals schon auf Facebook oder einer anderen sozialen Plattform registriert waren, haben mit hoher Wahrscheinlichkeit einen digitalen Fußabdruck in Form von Interesse an deinem Unternehmen hinterlassen. Schaltest du nun auf diesen Kanälen eine gezielte Recruiting-Kampagne, so werden vom Algorithmus bei der Anzeige besonders jene Personen priorisiert, die offenkundig eine gewisse Verbindung zu deinem Business aufweisen. Somit kannst du deine Mitarbeiterrückgewinnung durch gezieltes Social-Media-Recruiting pushen und dein Unternehmen damit zukunftssicher positionieren.

Fazit

Ein Bewerberpool kann einem Unternehmen enorme Vorteile bieten: Auf diese Art hast du immer einen Pool an Interessentinnen, auf die du zurückgreifen kannst, wenn freie Stellen zu vergeben sind.

Wichtig ist, dass du deine Interessentinnen regelmäßig kontaktierst und ihre Daten auf dem aktuellen Stand hältst. Nur so hast du gegebenenfalls eine saubere Datenbank zur Verfügung, mit deren Hilfe du offene Positionen schnell nachbesetzen kannst.

Du solltest zudem Mitarbeiter, die schon einmal bei dir gearbeitet haben, nicht außer Acht lassen – unter Umständen hast du auch hier einen Pool an Menschen, die sogar die Gegebenheiten im Unternehmen schon kennen.

Datenschutz

Teil 8: Datenschutz – Was ist die DSGVO und wie weit betrifft sie mein Unternehmen?

Wir kommen nun zu einem Thema, das oft selbst den härtesten Unternehmern einen kalten Schauer über den Rücken jagt: Datenschutz!

Verständlicherweise sind datenschutzrechtliche Angelegenheiten – Stichwort DSGVO – nicht jedermanns liebste Beschäftigung. Nichtsdestotrotz gehören sie zu einem erfolgreichen Unternehmen dazu und dürfen auf keinen Fall außen vor gelassen werden.

Die Abkürzung „DSGVO" steht für die Datenschutz-Grundverordnung der Europäischen Union. Sie trat im Jahr 2018 in Kraft und stellt eine der bedeutendsten und umfassendsten Datenschutzregelungen weltweit dar.

Die Regelungen betreffen alle Unternehmen und Organisationen, die personenbezogene Daten von EU-Bürgern verarbeiten – unabhängig davon, wo sich das Unternehmen befindet. Das Hauptziel der DSGVO ist es, das Datenschutzniveau für EU-Bürgerinnen zu stärken und ihnen mehr Kontrolle über ihre personenbezogenen Daten zu geben. Die Verordnung gewährleistet, dass Unternehmen transparent über ihre Datenschutzpraktiken informieren müssen.

Es kursieren zahlreiche Mythen und Unwahrheiten bezüglich der DSGVO, und so ist mancherorts die Verwirrung groß. Oftmals wird der Datenschutz daher lieblos auf die Seite geschoben und man hofft, es sei mit den nötigsten Vorkehrungen getan. Ich verstehe das gut, kann dir aber nur ans Herz legen, die Vorschriften ernst zu nehmen und dich in jedem Fall damit auseinanderzusetzen, auch wenn es keinen Spaß macht.

Disclaimer

Ich möchte hier mit dir ein paar meiner persönlichen Erfahrungen und Erkenntnisse teilen. Ich habe keine juristische Ausbildung, kann und darf dich daher nicht rechtlich beraten und empfehle dir auf alle Fälle, dich eingehend mit einem Datenschutz-Experten zu beratschlagen.

Dennoch denke ich, dass meine Ansichten dir als wichtige Impulse dienen und dir im Umgang mit Datenschutz und Social-Media-Recruiting-Kampagnen eine Art Richtschnur bieten können.

Ist Social-Media-Recruiting datenschutzkonform?

Du fragst dich, ob Social-Media-Recruiting überhaupt datenschutzkonform ist? Nun, es kommt darauf an, wie du den Prozess deiner Social-Media-Recruiting-Kampagnen gestaltest.

Schaltest du beispielsweise eine Werbeanzeige auf Facebook, solltest du dir einiger Umstände bewusst sein: Gerade Facebook steht immer wieder im Fokus von Datenschützern und wird kontrolliert, jedoch ist und bleibt es ein US-amerikanisches Unternehmen mit Hauptsitz in den Vereinigten Staaten. Du sammelst über deine Einschaltungen jedoch keine Daten, sondern leitest die Interessenten lediglich auf deine Webseite, deine Karriereseite oder in deinen Bewerbertrichter weiter, die du allesamt mittels eines Drittanbieters erstellt hast. Erst wenn die Nutzer dorthin weitergeleitet wurden, beginnst du, ihre Daten zu sammeln. Relevant ist vor allem, dass die Seite oder der Trichter, auf die du deine Interessenten weiterleitest, datenschutzkonform sind. Die Verantwortung liegt in diesem Fall also bei dir.

Verwendest du hingegen sogenannte Facebook-Leadformulare, ist größte Vorsicht geboten. Viele Unternehmen nutzen sie, ohne sich näher damit auseinanderzusetzen. Die über diese Formulare abgefragten Benutzerdaten werden in den USA gespeichert. Hier gibt es sicherlich einige offene Fragen bezüglich der Haftung! Das Thema ist allerdings so komplex, dass ich dir unbedingt zu einer Beratung durch einen Experten rate!

Jedoch gibt es auch gute Nachrichten: Während dieses Buch entsteht, wird bereits am TADPF gearbeitet.

Ein Facebook-Leadformular ist eine spezielle Art von Kampagnenziel, das es Unternehmen ermöglicht, Kontaktdaten zu erfassen, ohne dass sie die Plattform verlassen müssen.

Das Trans-Atlantic Data Privacy Framework – abgekürzt TADPF – ist eine Vereinbarung zwischen der EU und dem US-Handelsministerium. Darin verpflichten sich die USA, ihr Datenschutzniveau zu verbessern. Dafür erklärt die EU die Übertragung von Daten in die USA als angemessen. Diese Vereinbarung wird in absehbarer Zeit – wann genau, ist noch fraglich – die Situation etwas entschärfen.

Möglicherweise schwirrt dir im Moment etwas der Kopf, aber keine Sorge – so geht es beinahe jedem. Doch lass dich nicht entmutigen. Sofern du die Regeln der DSGVO befolgst und dir bewusst bist, wo die Daten, die du sammelst, gespeichert werden, werden keine Probleme auftreten.

Was muss ich beachten, damit meine Social-Media-Kampagne datenschutzkonform ist?

Damit deine Social-Media-Kampagne auf soliden, datenschutzkonformen Beinen steht, möchte ich dir hier ein paar wichtige Punkte mitgeben:

Vermeide bis auf Weiteres Unternehmen, die ihren Standort nicht in Europa haben.

Oder stelle zumindest sicher, dass die Datenverarbeitung über diese Anbieter der DSGVO entspricht. Grundsätzlich werden die meisten deiner Social-Media-Kampagnen auf Plattformen stattfinden, die ihren Sitz nicht in Europa haben. Allerdings haben die Menschen, die deine Werbung dort sehen, bereits ein persönliches Profil auf diesen Plattformen eingerichtet, und zusätzlich personalisierst du deine Werbung nicht.

Somit geht das in Ordnung – du arbeitest schließlich nur mit den Daten, die dir die Social-Media-Plattform zur Verfügung stellt. Erst wenn ein Double-Opt-in zum Einsatz kommt, also dein Gegenüber akzeptiert, dass die Daten versandt werden, greift der Datenschutz.

Sei auf jeden Fall sehr transparent in deiner Kommunikation und zeige auf, was mit den übermittelten Daten passiert. Fasse diese Informationen detailliert in deinen Datenschutzrichtlinien zusammen und stelle sie den Usern leicht zugänglich via Link zur Verfügung.

Das Double-Opt-in-Verfahren oder „Bestätigungsverfahren" ist eine Methode zur Einholung und Bestätigung der Zustimmung von Benutzern oder Kunden, bevor diese in einen E-Mail-Verteiler oder Newsletter aufgenommen werden. Es wird häufig im E-Mail-Marketing und für die Verwaltung von Abonnentenlisten verwendet.

Sei sparsam mit gesammelten Daten.

Hier gilt: Je weniger, desto besser. Setz beim Sammeln von Daten lieber auf Qualität als auf Quantität und frag wirklich nur jene Daten ab, die du unbedingt benötigst.

Wenn das Adstark-Team einen Bewerbertrichter aufbaut, dann interessieren uns nur jene Daten, die wir zum Verarbeiten der Bewerbung brauchen. Meist handelt es sich dabei um den Vor- und den Nachnamen, die Telefonnummer, die E-Mail-Adresse und die Postleitzahl bzw. den Wohnort. Wir benötigen also nicht einmal die genaue Wohnadresse.

Bedenke: Je mehr Daten du sammelst, desto höher ist auch das damit verbundene Risiko.

Du musst die Zustimmung deines Gegenübers zur Verwendung seiner Daten einholen.

Gerade im Online-Bereich ist es immer wichtig, dass die User deine Datenschutzrichtlinien leicht einsehen können und alle akzeptieren, bevor sie mit dem Prozess fortfahren. Du bist dazu verpflichtet, die Nutzer deiner Seiten transparent über alle datenschutzrechtlichen Vorgänge zu informieren.

Verarbeite die gesammelten Daten verantwortungsvoll!

Das bedeutet in erster Linie, dass du den Schutz der Daten vor dem Zugriff Dritter sicherstellst. Schaffe geschlossene Systeme, in die niemand von außen Einsicht nehmen kann. Achte darauf, dass die Daten nur bei jenen Mitarbeitern landen, die sie auch wirklich benötigen, und vermeide, dass mehr Personen als unbedingt nötig darauf zugreifen.

Halte den Kreis der involvierten Personen klein. Immerhin musst du schlussendlich auch dafür sorgen, dass die Daten nach einer gewissen Zeit nachhaltig aus deinem System gelöscht werden. Hatten dann viele Personen Zugriff auf diese Datenbank, kannst du die vollständige Löschung kaum gewährleisten – wer weiß schließlich, wo die Daten in der Zwischenzeit noch überall abgespeichert wurden? Ich empfehle dir, von vornherein einen einzigen Ort festzulegen, an dem alle Daten gespeichert werden. Dort – und nur dort! – kannst du dann alle Bewerbungsdaten auf einen Schlag finden. Zudem rate ich dir, eine separate Mailadresse für den Eingang von Bewerbungsschreiben anzulegen. Veröffentliche diese und bündle somit alle eingehenden Mails, die Bewerbungen betreffen, in einem einzigen Mailposteingang. Das erleichtert dir nicht nur die Übersicht, sondern auch das Löschen am Ende des Bewerbungsprozesses.

Achte die Rechte deiner Bewerber!

Personen, die sich in deinem Unternehmen bewerben, haben grundsätzlich ein Recht darauf, dass du sorgsam mit ihren Daten umgehst und dich auch tatsächlich an alle Vorgaben und Vorschriften hältst, die du in deinen Datenschutzrichtlinien veröffentlicht hast. Nimm diese Verantwortung sehr ernst und halte dich strikt an die Regeln, um Ärger zu vermeiden.

Weise darauf hin, dass du die Bewerbung nach einer gewissen Zeit löschst, und frage, ob du die Person in deinen Bewerberpool aufnehmen darfst. Sei transparent und kommuniziere klar!

Überlege dir gut, welche Tools du zur Datenverarbeitung nutzt!

Sobald du Social-Media-Recruiting für dein Unternehmen nutzt, brauchst du Tools, um die gesammelten Daten verarbeiten zu können. Leitest du User von einer Social-Media-Plattform in einen deiner Bewerbungstrichter, für den du einen Drittanbieter nutzt, dann setze auf alle Fälle einen sogenannten Datenverarbeitungsvertrag mit diesem Software-Anbieter auf.

Ein Datenverarbeitungsvertrag (DPA), auch „Auftragsdatenverarbeitungsvertrag" genannt, ist ein rechtlicher Vertrag zwischen einem Verantwortlichen und einem Auftragsverarbeiter gemäß den Bestimmungen der Datenschutz-Grundverordnung (DSGVO) oder ähnlicher Datenschutzgesetze.

Der DPA regelt die Verarbeitung personenbezogener Daten im Auftrag des Verantwortlichen durch den Auftragsverarbeiter.

Die meisten Unternehmen verzichten auf einen solchen Vertrag und denken, dass es reicht, einen Funnel aufzubauen, monatlich das Abo zu bezahlen, und schon sind sie datenschutzrechtlich auf der sicheren Seite. Leider ist dies aber nicht der Fall!

Du musst die User auf jeden Fall darüber in Kenntnis setzen, was mit ihren gesammelten Daten passiert. Das heißt, in deinen Datenschutzrichtlinien muss stehen, mithilfe welcher Tools du die Daten verarbeitest. Auch hier gilt höchste Transparenz als das A und O.

No-gos beim Datenschutz: Was sollten wir vermeiden?

Screenen

Fast jeder Mensch hat heutzutage ein Profil auf einer oder mehreren sozialen Plattformen – du wahrscheinlich auch, oder? Möglicherweise teilst du persönliche Informationen und private Einblicke: ein Foto vom diesjährigen Strandurlaub oder einen Kommentar zum letzten Spiel deiner Lieblingsmannschaft. Was immer es sein mag, du gibst damit eine Menge von dir preis – mehr, als dir wahrscheinlich bewusst ist.

Genau aus diesem Grund ist das Screenen von Social-Media-Profilen bei HR-Mitarbeitern zu einer beliebten Praktik geworden: Kaum geht eine Bewerbung ein, wird die betreffende Person in den sozialen Netzwerken gesucht und werden die diversen Profile des Bewerbers einer genauen Prüfung unterzogen.

Ich bin grundsätzlich kein großer Fan dieses Vorgehens. Jeder Mensch hat das Recht, sein Privatleben nach seinen eigenen Vorstellungen zu gestalten, und wie sich jemand in seiner Freizeit präsentiert, muss nicht zwangsläufig mit der Arbeitsweise dieser Person zusammenhängen!

Trotzdem habe ich bereits erlebt, dass Kandidaten aufgrund ihrer Social-Media-Inhalte abgelehnt wurden.

Mein Tipp: Lass das Screenen! Schau nicht vorab in die sozialen Profile deiner Bewerber, denn das könnte den ersten Eindruck, den du dir von ihnen machst, gehörig trüben. Allzu schnell kann es so zu unnötigen Vorurteilen kommen, die im Nachhinein oft nur sehr schwer wieder aus dem Weg zu räumen sind.

Im Übrigen ist das Screenen von Online-Profilen ausschließlich dann legal, wenn diese öffentlich zugänglich sind! Was du daher auf keinen Fall tun darfst, ist, private Profile über Umwege einzusehen, also zum Beispiel über einen guten Freund deines Bewerbers, den du zufälligerweise kennst, persönliche Informationen und Daten einzuholen. Die Weitergabe von Daten an Dritte ist strikt untersagt! Zudem macht sich nicht nur die Person, die dir diese Daten weitergibt, strafbar, sondern auch du selbst, sobald du diese Daten annimmst. Ist ein Profil also nicht öffentlich zugänglich, darfst du keine Informationen über diese Person sammeln. Am besten verschaffst du dir persönlich einen ersten Eindruck von deinem Kandidaten.

Cookie gefällig?

Seit dem Jahr 2018 ist die DSGVO in Kraft, die festlegt, dass über den Einsatz von Cookies informiert werden muss und dass du auf deiner Webseite transparent auf deren Verwendung hinweisen musst. Vergiss nicht, die Information darüber auf deiner Seite sichtbar zu machen und dir die Erlaubnis zur Verwendung der Cookies von deinen Nutzern bestätigen zu lassen.

Empfindliche Daten

Ein weiterer Aspekt, auf den du achten solltest, ist die gesicherte Bewerberdatenübertragung. Das bedeutet, dass eine Bewerbung, die in deinem Unternehmen eingeht, im besten Fall nicht quer durch dein Büro zwischen zig unterschiedlichen Mitarbeitern hin und her wechseln sollte. Doch auch die generelle Datenübertragung im Internet muss gesichert sein – andernfalls haben Hacker leichtes Spiel und die Daten sind leicht abgreifbar. Überleg dir daher gut, welche Tools du verwendest, denn es kann ganz schnell passieren, dass Daten ungewollt über Schnittstellenmanagementtools in anderen Ländern landen!

Ein Hacker ist eine Person, die überdurchschnittliche Kenntnisse in Bezug auf Computersysteme und Netzwerke hat und diese dazu nutzen kann, um auf nicht autorisierte Weise in fremde Computersysteme einzudringen, Informationen zu sammeln, zu modifizieren oder zu stehlen und sie dann im schlimmsten Fall missbräuchlich zu verwenden.

TOM

Ein weiterer Begriff, der dir im Zusammenhang mit Datenschutz geläufig sein sollte, sind die sogenannten TOMs, die technischen und organisatorischen Maßnahmen. Darunter sind Maßnahmen zu verstehen, welche die Sicherheit bei der Verarbeitung von personenbezogenen Daten garantieren.

Ich rate dir, falls du nicht ohnehin bereits eine solche Übersicht erstellt hast, unbedingt eine Datei mit deinen TOMs anzulegen. Dafür gibt es online einige Vorlagen – du wirst sicher fündig.

Haltbarkeitsdatum

Eines der größten No-Gos ist die unbegrenzte Aufbewahrung von Bewerberdaten. Bewerbungen von Kandidaten, die nicht zu euch gepasst haben und die auch in Zukunft aller Voraussicht nach nicht für euer Unternehmen geeignet sein werden, müssen verlässlich gelöscht werden. Das heißt, du musst sicherstellen, dass sie auch von deinem Server entfernt werden und nicht noch irgendwo unentdeckt in den Weiten deines Büros (digital oder analog) herumschwirren.

Es gibt übrigens bereits Tools, die dich dabei unterstützen können. Die empfohlenen Löschintervalle für diese Daten sind sehr unterschiedlich. Als Faustregel gilt jedoch, dass die Daten gelöscht werden müssen, sobald sie nicht mehr in Gebrauch sind.

Ausnahme: Sofern dein Interessent zustimmt, kannst du ihn natürlich in deinen Bewerberpool aufnehmen. Dort bewahrt man die Daten in der Regel für einen Zeitraum von 6–12 Monaten auf.

Last, but not least solltest du die Daten deiner potenziellen Interessenten unter keinen Umständen zu Werbezwecken selbst verwenden oder an Dritte weitergeben. Ich glaube, dazu muss ich kaum mehr sagen – das ist ein absoluter Killer!

Fazit

Datenschutz ist ein sehr ernstzunehmendes Thema, das euch nicht nur viele Sympathien, sondern auch richtig viel Geld kosten kann, wenn ihr hier nicht entsprechend sorgfältig vorgeht.

Daher: Auch, wenn es keinen Spaß macht – achtet tunlichst darauf, dass alles seine Ordnung hat und ihr in eurem Unternehmen mit den Daten eurer Mitarbeiterinnen und Bewerber sorgfältig umgeht.

UND LOS GEHT ES!

Wir sind nun am Ende dieses Buches angekommen, und du konntest hoffentlich viel für dich mitnehmen.

Du hast die Unterschiede zwischen den verschiedenen Generationen kennengelernt. Ich habe dir eine Methode gezeigt, mit deren Hilfe du eine optimal auf deine Bedürfnisse abgestimmte Social-Media-Recruiting-Kampagne erstellen kannst. Und schließlich haben wir uns auch die Bedeutung einer starken Arbeitgebermarke angeschaut.

Du hast erfahren, wo du deine zukünftigen Talente findest und – noch viel wichtiger – wie du sie mit attraktiven Kampagnen und gut überlegten Bewerbungsprozessen nachhaltig von dir überzeugen kannst.

Alle diese Werkzeuge sollen dir dabei behilflich sein, offene Stellen in deinem Unternehmen mit den besten Talenten zu besetzen.

Die besten Ergebnisse kommen nicht allein durch das Wissen, sondern durch das aktive Umsetzen und Anpassen der Methoden. Lass dabei allerdings niemals außer Acht, dass sich die Menschheit – wie überhaupt alles – in einem ständigen Wandel befindet. Halte deine Augen und Ohren offen, nimm neue Gelegenheiten wahr, probiere dich aus! Nutze die Adstark-Methode als Werkzeug, um neue Wege zu beschreiten und Grenzen zu durchbrechen.

Vertraue dabei nicht nur auf das Gelesene, sondern gehe mutig voran, experimentiere und lerne aus deinen eigenen Erfahrungen. Denn nur durch das Tun wirst du die besten Ergebnisse erzielen und dein Unternehmen auf ein neues Level der Talentgewinnung heben.

Als Autor dieses Buches stehe ich dir zur Seite, um dich auf deiner Reise zu begleiten. Mein umfangreiches Know-how und meine Erfahrung stelle ich dir gerne zur Verfügung, um deine Fragen zu beantworten und dir Feedback zu geben. Ob du Unterstützung bei der Anwendung der Methode in deinem spezifischen Kontext benötigst oder nach neuen Strategien suchst, um deine Ergebnisse zu optimieren – ich bin gerne bereit, dich in allen Bereichen zu unterstützen. Gemeinsam werden wir sicherstellen, dass du das volle Potenzial der einzigartigen Methode des Social-Media-Recruitings ausschöpfst und dein Unternehmen zur ersten Wahl für Toptalente machst.

Du hast jetzt, nach gründlicher Lektüre dieses Buches, alles in der Hand, was du dafür benötigst. (Du hast doch alles gelesen, oder? Wenn nicht, dann hol dies unbedingt nach, bevor du startest!) Zusätzliche Hilfe findest du im Workbook, das du dir unter www.socialrecruitingbuch.de/workbook herunterladen kannst. Wir werden die Seite immer wieder einmal updaten und dich auf diese Weise auch zukünftig unterstützen.

Jetzt liegt es an dir, die ersten Schritte in Richtung Sichtbarkeit zu gehen, um so dein Unternehmen zukunftssicher zu positionieren.

PS: Wenn dir das Buch gefallen hat, dann freue ich mich sehr über deine positive Bewertung und Empfehlung. Deine Unterstützung und Anerkennung sind für mich als Autor von unschätzbarem Wert. Teile gerne deine Begeisterung für das Buch mit anderen, damit auch sie von der einzigartigen Methode des Social-Media-Recruitings profitieren können. Dein Feedback und deine Weiterempfehlung sind der Antrieb, um weiterhin inspirierende Inhalte zu teilen und die Recruiting-Welt gemeinsam zu revolutionieren.

Dein **Workbook** zum Buch

Sichere dir hier **kostenlosen** Zugang zum Workbook und vielen anderen Vorteilen:

socialrecruitingbuch.de/workbook

Powered by adstark

Danksagung

Von Kindesbeinen an habe ich groß gedacht und fleißig an meinen Zielen gearbeitet. Hätte man mich vor einigen Jahren gefragt, ob ich irgendwann mal ein Buch rausbringen möchte, dann hätte meine Antwort wahrscheinlich gelautet: „Definitiv, ja – nur später, wenn ich älter bin!" Gekommen ist es anders: Dieses Buch wurde an meinem 30. Geburtstag veröffentlicht – um ein Vielfaches früher, als ich es mir jemals ausgemalt hätte!

Manchmal kommen Ideen wie die zu diesem Buch zur unperfektesten Zeit ... aber ein voller Terminkalender, meine Familie und das wachsende Agenturgeschäft haben mich nicht davon abgehalten, das Projekt durchzuziehen.

Ich danke besonders meiner Familie für die Kraft, die ihr mir jeden Tag schenkt – das ist die beste Motivation, die man bekommen kann! Ich liebe euch!

Ich weiß manchmal selbst nicht, woher ich die Zeit nehme, aber irgendwie entwickelt es sich fast wie von allein, und dafür bin ich sehr dankbar. Dass ich die Möglichkeit habe, mit großartigen Menschen um mich herum zu wachsen. Jeden Tag Neues zu entdecken. Jeden Tag Herausforderungen zu meistern. Jeden Tag einen Job zu machen, den ich vom Herzen liebe. Und vor allem den Alltag mit Menschen zu verbringen, die mir wichtig sind und die mir den Rücken freihalten – herzlichen Dank an das gesamte Adstark-Team!

Zudem danke ich Lisa Keskin für die tolle Unterstützung bei der Umsetzung dieses Buches. Du kennst auf jede Frage die richtige Antwort und hast das Buch über die Ziellinie getragen. Ohne dich hätte es sich wahrscheinlich über viele Jahre hingezogen, so aber haben wir es in Rekordzeit geschafft – vielen Dank!

Abschließend gilt ein großer Dank unseren Kunden und Partnern. Ohne euch wären wir nicht hier. Euer Vertrauen in unsere Arbeit ist für uns ein unschätzbarer Wert und der Grund dafür, jeden Tag begeistert die Herausforderungen zu meistern. Herzlichen Dank für die gute Zusammenarbeit!

Häufig gestellte Fragen - hier findest du die Antworten!

Ich habe dir hier alle Fragen, die in diesem Buch beantwortet, wurden, noch einmal zusammengefasst. Solltest du nach der Lektüre oder später einmal konkrete Fragen haben, kannst du einfach im Index nachschauen und so direkt zur Antwort kommen.

Dein Workbook zum Buch
Sichere dir hier kostenlosen Zugang zum Workbook und vielen anderen Vorteilen:
socialrecruitingbuch.de/workbook
Powered by adstark

Platz für deine Notizen